农业科技扶贫实用技术丛书

北方果树套袋栽培技术

王少敏 李 勃 董 冉 蒋恩顺 葛晓轩 ● 编著

山东科学技术出版社

图书在版编目（CIP）数据

北方果树套袋栽培技术 / 王少敏等编著. —济南：山东科学技术出版社，2018.8（2021.1 重印）

ISBN 978-7-5331-9633-2

Ⅰ. ①北… Ⅱ. ①王 Ⅲ. ①果树园艺 – 套袋法 Ⅳ. ① S66

中国版本图书馆 CIP 数据核字 (2018) 第 144527 号

北方果树套袋栽培技术

SHANDONG GUOSHU TAODAI ZAIPEI JISHU

责任编辑：于　军
装帧设计：魏　然　李晨溪

主管单位：山东出版传媒股份有限公司
出 版 者：山东科学技术出版社
地址：济南市市中区英雄山路 189 号
邮编：250002　电话：（0531）82098088
网址：www.lkj.com.cn
电子邮件：sdkj@sdcbcm.com
发 行 者：山东科学技术出版社
地址：济南市市中区英雄山路 189 号
邮编：250002　电话：（0531）82098071
印 刷 者：济南联志包装制品有限公司
地址：山东省济南市历城区郭店街道相公庄村文化产业园 2 号厂房
邮编：250100　电话：（0531）88812798

规格：大 32 开（140mm × 203mm）
印张：6　**字数：**130 千
版次：2018 年 8 月第 1 版　2021 年 1 月第 3 次印刷
定价：24.00 元

前言

坚持农业农村优先发展，实施乡村振兴战略，坚决打赢脱贫攻坚战，是党的十九大提出的战略要求。2018年是全面贯彻党的十九大精神和习近平新时代中国特色社会主义思想的开局之年，也是山东省基本完成脱贫任务、全面建成小康社会的关键一年。要达成既定的脱贫目标，加快建设现代农业，必须紧紧围绕新旧动能转换、推进农业供给侧结构性改革这条主线，因地制宜，大力发展特色产业，提高农业质量效益和竞争力。

果树产业是兼备经济、生态和社会效益的优势特色产业，在农村经济发展、农民增收和社会主义新农村建设中发挥着重要作用，对经济欠发达地区的经济发展也具有不可替代的作用，而且积极推动了生态环境建设，日益发挥出其休闲服务及景观功能。山东省素有“北方落叶果树王国”之美誉，果树产业是我省优势特色产业之一，但目前存在品种结构不尽合理、栽培管理技术落后、果品品质下降、生产成本上升、总体经济效益降低等诸多问题。

为加快果树新品种新技术的引进推广，助力新旧动能转换，提升果树产业扶贫脱贫的效果，山东省果树研究所组织有关专家编写了这套《农业科技扶贫实用技术丛书》。本丛书涉及的树种较多，基本涵盖了山东省当前栽培的大部分果树树种，重点介绍了果树主栽新品种与新技术，技术性、实用性较强。

相信本丛书的出版对山东省果树产业可持续发展和农村科技扶贫将起到重要的推动作用。

编 者

目　录

一 概　述

（一）果实套袋栽培现状

果实套袋栽培为果实生长发育创造了一个相对稳定的微域环境，避免了外界不良气候条件的影响。通过套袋可有效改善果实的外观品质，使果点变小、锈斑减轻，底色变淡，果皮细嫩光洁、色泽艳丽。套袋可以减轻裂果现象的发生，明显控制病虫危害，降低果实农药残留及其他有毒有害物质污染。另外，套袋可提高果实的耐贮性，果实入库后腐烂率降低，因此，大大提高了果品的等级果率和商品价值，提高了经济效益。套袋栽培是当前生产无公害果品，推进果品出口，增加农民收入，增强果品国际竞争力的关键技术之一。

1. 日本果实套袋技术的演化

日本果农为防止桃小食心虫的危害，于20世纪初期对梨、葡萄进行了套袋，随之对苹果也进行了套袋试验。经生产实践发现，套袋除具有防止害虫危害外，还有使果实表面光洁无锈、促进着色的作用。20年代，苹果套袋已成为日本常规的栽培措施之一，然而套袋苹果风味会变淡。50年代，随着高效农药的生产和动力喷雾机械的应用，使用农药防治病虫害已方便可行，因而又提倡无袋栽培。60年代，日本青森县的苹果无袋栽培面积占其苹果栽培总面积的23.0%。80年代后期有袋栽培在青森县仍然占有重要地位。苹果专用袋起初主要采用旧报纸制作，套袋主要是为了预防病虫害。其后，生产了以促进果实着色为主要目的的果实袋，颇受栽培者欢迎，同时研制开发了两层纸袋和三层纸袋。纸袋的价格也随之提高，并开发了多品种、多种类的果实袋。

日本二十世纪梨的发现者松户觉之助1906年所著《梨树栽培新书》，介绍了柿漆涂布报纸袋的制作方法及套袋的时期、方法，并且指出套报纸袋对防虫十分有效，而且耐贮性增强，但果实糖度降低，果皮色泽变淡。继二十世纪梨之后，其他品种的梨也相继实行了套袋，并开发出蜡纸袋。《梨黑星病的研究》介绍了用明矾、柿漆、苏子油及升汞水处理蜡纸、报纸，生产果实袋的方法。由于套袋的普及，出现了入袋害虫，最初采取袋口加农药棉球进行防治，从30年代开始研究涂布农药的果实袋，50年代开发出梨防虫果实袋。山宽一所论述了果实袋内的物理条件及其对果实品质的影响，从此确立了果实套袋技术的完整体系。目前，日本在果实袋的研制、生产及有袋栽培技

术体系等方面更加完善，套袋技术成为高档果品生产的重要措施之一。由于套袋能极大地改善果实外观品质，目前其他技术措施都无法替代。

日本桃果实套袋最早的纪录是在1885年，冈山县引进栽培的天津水蜜和上海水蜜桃受到桃小食心虫的严重危害，有采用果实套袋进行防治的记载。1917～1918年桃蛀螟的危害加剧，使用蓖麻油涂布的有底袋有效，从此，果实套袋成为日本桃树栽培不可缺少的技术。1945年后，确立了套袋作为桃病虫防治的必要手段和提高果实外观质量的必要技术。70年代开发出桃单层着色袋（KMP），80年代桃双层袋开发成功，90年代后期开发出除袋容易、适合省力化栽培的双层袋。日本桃果袋主要有3种，分别为遮光单层袋、防病涂蜡的单层袋和遮光双层袋。遮光单层袋适用于病虫害少、不易皱皮裂果且不易着色或着色过浓的品种；防病涂蜡的单层袋用于易着色但病虫多且皱裂的油桃品种，不发生皱裂其长势偏弱的品种也适用此袋。果实在此袋中能够着色，不需摘袋，对各种病虫害防效好；遮光双层袋主要用于病虫害较多，有皱裂果且着色不佳的品种。随着低毒高效新农药和防虫网的开发应用，桃主产区山梨县白根町冈山早生桃无袋栽培成功并得到迅速推广。日本关东地区桃鲜食品种90% 面积采用无袋栽培。近年来由于桃系列着色袋的开发利用，关西地区的冈山县及难着色白桃系品种、有裂果特性的品种和加工品种仍采用套袋技术，形成了有袋栽培和无袋栽培并存的局面。

2. 国内果实套袋技术的演化

我国自20世纪50年代进行梨、桃等水果套袋，主要是为了预防虫害，果袋采用旧报纸人工糊制。但是，人工黏制的纸袋易破碎、效果较差，加之高效农药的出现果实套袋的研发停滞不前。60年代，我国为满足鸭梨外销的需要，在鸭梨主产区掀起了大面积套袋的热潮。70年代中期，为防治金帅苹果果锈病，人们又开始进行果实的套袋，所用纸袋仍以人工制作的新闻报纸袋为主，也有采用抗淋刷的牛皮纸袋。80年代，我国辽宁、山东、河北等省先后引进了日本的防虫、防菌的梨果实袋。苹果套袋栽培采用日本小林袋和韩国袋，取得了良好效果。桃果实套袋商业化始于80年代末，新的桃果实专用不断涌现，应用较多的有日本的KMP桃果专用袋和山东龙口凯祥有限公司生产的中华寿桃单、双层袋。目前桃套袋栽培主要应用在中晚熟桃品种和油桃的栽培上。为降低成本，我国的辽宁、山东、河北等省（市）进行了低成本果实专用袋的研制与开发。目前，山东是最早大规模采用套袋技术的省份，对苹果、葡萄、梨及桃等都实现了套袋栽培，其次是陕西、山西、辽宁等省苹果、梨套袋普及率较高。

（二）果实套袋栽培的发展趋势

我国果树的栽培面积和产量均居世界第一位，但果实

品质不及发达国家，造成了目前我国果品出口量少、普通果品滞销的局面。果实套袋栽培可大幅度提高果品的商品价值，有利于生产无公害果品，对于增加出口，提高经济、社会效益具有重要意义。

1. 完善果实套袋栽培技术体系

在目前果实套袋技术的基础上，研究与套袋有关的土肥水管理、整形修剪、花果管理等一系列技术，建立一整套有袋栽培技术体系。

2. 提高果实套袋栽培技术水平

总结现有果实套袋栽培生产经验，推广已有科技成果和国内外先进技术，同时积极组织多学科的协作攻关，开展技术培训、学术交流，普遍提高果实套袋栽培技术水平。

3. 建立商品化生产基地

根据各地区的自然、社会和经济条件，制定本地区的果实套袋技术体系和发展规划，围绕发展内销和外销果品生产，建立“产、供、销”一体化生产基地。以外销为主的套袋果品生产基地，要及时获取市场信息，实行严格的技术管理，采用优质高标准纸袋。

4. 加强纸袋管理

对引进的国外纸袋，应根据不同地区、不同条件进行筛选、确定；对国产纸袋严格把关，研究和制定适于不同树种和品种的果袋质量标准，严禁使用“药袋”。生产用果实袋，应经过严格的“研制（或引进）—试验—重复试验—鉴定—推广”程序，具有技术监督部门认定的果袋质量标准，并具有国家商标局注册的商标。

5. 加强低成本、省力化套袋技术研究

目前为生产高档果品，必须进行果实套袋栽培。套袋机理的研究还主要集中在苹果、梨和葡萄上，不同成熟期桃品种的套袋时期，不同品种特性、不同栽培方式的套袋技术区别，尤其是采前摘袋技术等，还需要加强研究。

6. 无袋栽培势在必行

果实套袋栽培提高了果品的市场竞争力，增加了果农的收入，但这都是在一家一户果园管理条件下获得的，随着土地流转制度的推行，专业合作社和农场的增加，现代果园新模式的发展，规模经营给套袋栽培提出了挑战。以烟台苹果主产区为例，苹果套袋每个工需要支付260～300元费用，每个工每天套2 500个果袋，亩产4 000千克就需要套袋12 000个，加上摘袋的费用，每亩需支付2 000元左右的费用，用工成本明显增加。作为农场或企业管理的果园管理者不得不考虑是否套袋，这也给育种者和栽培者提出了更高的要求，开发无袋栽培品种和技术势在必行。

套袋对果实品质的影响

（一）套袋促进果实着色

果实的色泽，取决于果皮叶绿素、类胡萝卜素、花青苷的含量、比例和分布状况。对于红色果实，果皮花青苷的合成对果实着色起着决定性作用。套袋可影响果皮色素的形成，显著提高果实外观品质，特别是不易着色的品种。果实的颜色可分为红、黄、绿3种，其中红色果实较受消费者欢迎，栽培种类也最多，通常所说的着色问题主要是针对红色果实而言的。以红色苹果品种红富士为例，当着色面在80%以上时，果实的可溶性固形物为15.2%、硬度为9.5千克/厘米^2；着色面在50%左右时，分别为13.9%、9.7千克/厘米^2；着色面低于20%时，分别为12.1%、9.9千克/厘米^2。这充分说明，红色果实着色好，综合品质就高。

果实呈现不同的颜色，是由于果皮中含有不同色素的缘故。果皮中的色素按化学结构类型可分为三大类：一是吡哆色素，有叶绿素；二是多烯色素，包括类胡萝卜素；三是酚类色素，包括花青素、花黄素等。果皮中的色素或者溶解于细胞液中，或者结合于某些细胞器中。叶绿素和类胡萝卜素只含在质体内，分为无色和有色两类。无论哪一类色素，都是在组织发育过程中由原生质体形成的，在光的影响下发育成叶绿体。随组织的衰老、叶绿素分解，有色体也转化为黄色或者红色。花青素和黄酮类物质主要溶于细胞液中，有的细胞膜中也含有少量的花青素和类黄酮。对于绿色果实而言，果皮内主要含有叶绿素，叶绿素是自然界中最基本的色素，黄色果实主要含有类胡萝卜素，而红色果实则三大类色素都含有。

酚类色素存在于细胞的液泡或细胞质中，主要包括花色素和类黄酮（即花黄素类）。现已知的花色素有20余种，都是下列3种花色素的衍生物：天竺葵色素，即花葵素，鲜红色，λ_{max}=520 nm；失车菊色素，即花青素，深红色，λ_{max}=535 nm；飞燕草色素，即花翠素，浅蓝紫色，λ_{max}=546 nm，其中苹果果皮中主要是花青素。自然界中还有这3种花色素的甲氧基取代衍生物，主要是芍药色素、牵牛色素、锦葵色素。

花色素主要与糖（主要是单糖，也有二糖、三糖）结合，以糖苷的形式存在于自然界中，除糖苷降解产物外，游离的花色素极少。根据A、B、C环上羟基的位置和数

量不同，可形成大量衍生物。现已知的花色苷达250种。花色苷也可以酰化形式存在，酰化因子主要有醋酸、B-香豆酸、咖啡酸、阿魏酸和芥子酸，B-羟基苯酸、丙二酸和己酸等。

花黄素主要是黄酮及其衍生物，称为黄色类黄酮，已近400种，浅黄色至无色，偶为橙黄色。类黄酮泛指两个芳香环通过三碳链相互连接而成的一系列化合物，包括黄酮类、黄酮醇类，而花色素本质上属于类黄酮，其生成代谢过程必然与整个类黄酮代谢密切相关。类黄酮，在果实中与糖结合成糖苷（如栎精苷、槲皮苷）；在黄色果实中，与类胡萝卜素类作为主要颜色，决定果实的外观；在红色果实中，则与胡萝卜素类作为辅助色素，构成果实的颜色。

1. 套袋对光敏素、叶绿素等的效应

果皮中花青苷的合成必须有光的存在，是通过光受体作为媒介的，因此，光受体的种类和浓度会直接影响花青苷的合成及积累。以苹果为例，Downs（1964）发现苹果果皮中花青苷的合成存在两种光反应，一是高照度反应（HIR），二是随后的一个低能反应。高照度反应的受光体为光合系统，它需要高强度的可见光及近可见光的持续照射（数小时至数天）。低能反应的光受体是光敏色素，受红光、远红光及暗期的调节。因此，可以认为花青苷合成的光受体至少应包括光敏素，光敏素是花青苷合成最重要的光受体之一，光敏素的含量多少会直接影响到花青苷的合成。

光敏素有两种存在形态，即吸收红光的类型 Pr 和吸收远红光的类型 Pfr。Pr 不具有生理活性，而 Pfr 具有生理活性。红光将 Pr 转换成 Pfr，Pfr 吸收远红光后变为 Pr。光敏素存在生成与降解的平衡，光可以降解光敏素，高温可加速其分解，而低温、缺氧、乙烯或蛋白质合成抑制剂可降低其分解速率。研究表明，果实经套袋遮光后光敏素含量会大大提高。果实经套袋后，袋内光强比袋外显著变弱，而且果实所处微域环境比较稳定，这些都显著降低了光敏素的降解速率。

套袋果与不套袋果相比，果皮叶绿素的含量大大降低。据卜万锁等（1994）研究表明，果实套不同类型的纸袋后，果皮叶绿素 a、叶绿素 b、总叶绿素的含量均低于对照。

红色果实果皮中除含有花青苷外，还有叶绿素、类胡萝卜素等其他色素。其中，叶绿素属于质体色素，存在于叶绿体中。叶绿素是一种以镁为核心的卟啉化合物，主要包括叶绿素 a（青绿色）和叶绿素 b（黄绿色），比例约为 3∶1。果实呈绿色就是由于含有叶绿素的缘故，是鲜度标志。一般认为，果实叶绿素含量高表明果实蛋白质代谢旺盛，花青苷合成严重受阻。果实进入成熟期开始迅速着色前，往往果皮叶绿素会分解加速，底色失绿变黄。潘增光研究认为，新红星苹果果皮着色前果皮叶绿素含量降至最低。由此可以认为，叶绿素对花青苷的合成具有抑制作用。叶绿素的合成与维持需要光的存在，因此，果实在套

袋遮光后叶绿素含量会大大降低，果面呈现乳白色至淡黄色。

果皮中的类胡萝卜素，主要以1∶3.5的比例与叶绿素共存于叶绿体中。类胡萝卜素是一类植物色素，包括胡萝卜素、叶黄素等，黄色苹果的果皮中含有类胡萝卜素。类胡萝卜素的生物合成同样需要光照条件，与叶绿素类似，套袋后也降低了果皮中类胡萝卜素的含量。套袋果实的可溶性糖、可滴定酸、可溶性固形物含量，与不套袋果相比均有不同程度下降，但果肉硬度稍有提高，糖酸比有较大程度的提高。套袋果果皮中花青苷的含量，比不套袋果稍有下降。

2. 套袋对果实酚类物质及相关酶的效应

据王少敏等研究（2004），在不同地区对果实套袋，较大幅度降低了果皮中多酚氧化酶的含量。多酚氧化酶有催化酚类物质氧化的作用，活性降低有利于酚类物质的维持，可能具有延缓套袋果实中花青苷降解的作用。栖霞套袋果过氧化物酶（POD）的活性较不套袋果升高，但苯丙氨酸解氨酶（PAL）不同地区表现不一致，栖霞套袋果升高，而泰安套袋果较对照果降低。已知POD与果实的抗氧化系统有关，PAL被认为是苹果花青苷合成的关键酶之一，为多种多酚及类黄酮合成提供前体，二者活性升高均有利于果皮花青苷的形成。PAL活性两地区之间（不同纸袋）表现不一致，说明此酶可能受气候（主要是摘袋后）、纸袋种类等影响较大。

良好的气候条件及优质纸袋（如适宜透光光谱）可增加酚类物质代谢强度，有利于花青苷形成，从而增进着色。花青苷含量与类黄酮、水溶性酚含量密切相关，因为花青苷本质上属于酚类物质。不利的气候条件及劣质纸袋（如仅限于物理遮光），则达不到套袋促进着色的目的。通过研究套袋对酚类物质代谢相关酶的影响，发现PPO的降低，POD和PAL的升高，均有利于增加果皮中酚类物质的含量，从而促进花青苷形成。

花青苷本质上为酚类物质，其形成与酚类物质代谢密切相关。本研究表明，套袋果实果皮PPO活性降低，POD、PAL活性受多种因素影响，不同地区（不同纸袋种类）的结果不同。套袋遮光后3种酶活性均下降，但摘袋后3种酶尤其是PAL活性迅速升高。类黄酮、水溶性酚含量与花青苷含量密切相关，套袋短枝红富士苹果摘袋后，花青苷及其前体物质的合成积累迅速增加，叶绿素合成相对缓慢，含量均低于未套袋果，降低了对花青苷的屏蔽效应，使套袋果实色泽艳丽。研究认为，红富士果实套双层袋着色好，类黄酮、花青苷、水溶性酚明显比未套袋果低。因此，对难以着色的富士系品种适宜用双层袋。

3. 套袋对果皮花青苷合成的效应

遮光袋主要用于需要着色的红色果实。套袋对花青苷合成的影响分为两个阶段，套袋期显著抑制其合成，摘

袋后花青苷迅速合成。不套袋果虽然着色时间较套袋果长很多，但着色前期果皮花青苷积累十分缓慢，着色后期花青苷合成速度也远远不及套袋果，花青苷合成高峰期不明显，至采收时其含量往往低于套袋果。

套袋对于果实着色的影响有两个显著特征：一是去袋后果皮花青苷合成异常迅速且着色均匀一致；二是排除了叶绿素的干扰，改善了花青苷的显色背景，使色调鲜明。在果实花青苷形成第二次高峰即进入果实成熟期，去袋后，大大提高了果实对光（尤其是紫外光）的反应敏感度，因此，花青苷形成迅速。据李秀菊研究，套袋红富士苹果摘袋以后，花青苷含量迅速升高，摘袋后8天花青苷含量上升到最高值，以后基本维持在较高水平。直至摘袋后20天采收，对照果花青苷含量则呈缓慢增长趋势。由于套袋果实摘袋后是在短期内着色，且排除了其他色素的影响，以及农药、灰尘等对果面的污染，因此，果实着色鲜明且均匀。

果实套袋抑制花青苷合成，与抑制花青苷合成结构基因的表达有关，同时叶绿素和其他酚类物质的合成也受阻。光照是苹果果皮花青苷合成的必需因子，通过光受体启动花青苷合成的基因。摘袋后花青苷迅速合成的可能机制：一方面，套袋可能提高果实光敏色素水平，因为光可降解光敏色素，黄化组织比正常组织光敏色素水平可以提高100倍，结构与正常组织内的光敏色素也不一样，而光敏色素是花青苷合成的光受体之一。另一方面，果皮叶绿素吸收大量红光，可降低光敏色素的调控效率。套袋后叶绿素形成显著减少，降低了叶绿素对花青苷形成的屏蔽效应，或者说提高了果皮对光的反应敏感度，所以套袋黄化了的果实与绿色果实相比，需要较少的光辐射花青苷就能大量形成。另外，套袋黄化了的苹果照光后，表皮和亚表皮几乎同时形成花青苷，对照果实则首先在表皮形成花青苷，然后随果实成熟渐渐内移，这可能也是套袋能促进着色的原因之一。

果实的糖代谢对花青苷合成具有十分重要的作用，同一品种着色好的果实糖含量也高，糖是花青苷合成的前体物质：花青苷由花青素和糖形成，而花青素又是在糖代谢的基础上生成的；糖也可作为信号物质，诱导花青苷合成的基因表达和调节酶的活性。苹果套袋后糖含量一般降低1%左右，可能与果皮本身的光合作用有关；套袋后果实所受逆境减弱，果实积累糖分下降；套袋抑制了光合产物向果实内的运输，如苹果的蔗糖和山梨糖醇下降最为显著。选择好适宜的摘袋时期和时机尤其重要，一般应在果皮花青苷合成最快的时期摘袋，同时考虑当时的光照状况、气温状况等，难以着色的红富士苹果在成熟季节，选择夜间温度低、昼夜温差大时摘袋，可迅速着色。

4. 套袋对梨、葡萄、桃的效应

梨套袋后避免了外界不良环境条件对果皮的直接刺

激，从而显著降低了酚类物质代谢的关键酶多酚氧化酶（PPO）和过氧化物酶（POD）的活性，因此，套袋果与不套袋果相比，果点和锈斑显著减少。果皮叶绿素的合成必须有光存在，套袋遮光后叶绿素合成大大减少，对于赤梨品种有利于红色的显现。对果实品质影响最大的是果袋的透光率和透光光谱，纸袋遮光性越强，套袋果果皮颜色越浅，果点和锈斑越浅、小、少（表2–1）。

表2–1 原纸色调和透光率对鸭梨果色、果点的影响

原纸色调	透光率（%）	果面颜色		果点	
		采后	采后30天	深浅	分值①
黑	1～2	白	白	细小	10
报纸	10～20	黄白	浅黄白	较浅	8
红	10～12	黄白	浅黄白	较浅	7
黄褐（B型）	20～25	黄绿	浅黄	较浅	7
黄（A型）	35～40	浅绿	鲜黄	浅	5
白	80～90	绿	黄	较深	4
无袋	100	绿	深黄	粗深	1

注：①分值即果点深浅程度，按10分法评分，果点最浅者为10分。

对于着色葡萄品种来讲，果实着色面积和浓度是判断成熟度的重要因素。在生产中，无袋栽培很难做到使整个果穗全部均匀着色。葡萄按成熟时的果面颜色，可以分为白色、红色和黑色品种。红色和黑色品种，果实着色程度取决于花色苷的积累量。在对果穗进行套袋后，使果实着色更加充分、艳丽。对黑色品种而言，即使带袋采收，也能够较好的着色。

据刘晓海（1998）报道，在负载量适宜的条件下，巨峰葡萄套袋果在采收前10天去袋，采收时的着色指数为19.68 ± 3.20，带袋采收果实为17.90 ± 2.29，而不套袋对照为16.81 ± 2.50，证实了套袋对葡萄着色的促进作用。

桃果实套袋后，果实着色面积大、着色均匀、色泽艳丽，全红果比率高。寒露蜜桃、中华寿桃等只有果肩部分着暗紫色或基本不着色，发育期长。中华寿桃套双层袋的果实，着色指数分别为78.6%～81.3%，对照为46.7%。套4种单层袋，着色指数与对照差别不大。未套袋的果实，呈紫红色且暗。

（二）套袋改善果实外观

果实套袋除促进着色外，还对果皮结构、光洁度等产生影响。苹果果皮结构可划分为角质层（覆有蜡质）、表皮、下表皮以及茸毛（只存在于幼果期）、皮孔（幼果期为气孔）等，发生果锈的苹果也有木栓层产生。其中，蜡质、角质层、皮孔、木栓层、木栓形成层和栓内层的形成，与果实酚类物质的代谢密切相关。果皮结构状况直接影响到果面光洁度。套袋后果皮发育稳定、和缓，表皮层细胞排列紧密。套袋遮光，抑制了 PAL、PPO、POD 等木质素，蜡质、角质层等合成酶的活性，因此，表皮层细胞分泌蜡质少，木质素合成减少，皮孔发生少且小。据李昌怀等

研究，丘陵果园和平地果园金冠套袋后无锈果率分别比对照提高76.1%和60.2%。新红星苹果套袋与对照果实，果点面积分别为6.05厘米^{2}和8.50厘米^2，果点直径分别为0.29毫米和0.44毫米。套袋除能防止果锈，使果点变小外，还能预防果面的煤污斑、药斑、枝叶磨斑等。

桃套袋会减少煤污病的发生，果面绒毛少而短。葡萄果穗套袋后，不仅避免了灰尘污染，而且保持了果粉完态。

（三）套袋影响果实品质

果实套袋后温度升高，同化物的代谢、运转速率和各种酶的活性会受到影响，可溶性固形物、可滴定酸、糖类、淀粉、矿质元素等的含量均会发生变化。

据王少敏等研究发现，红富士苹果套袋后，可溶性固形物含量始终低于未套袋果。秦承来等研究，新川中岛桃套双层袋和黑色单层袋时，可溶性固形物含量均稍低于未套袋果。田惠等试验证明，与未套袋果相比，黑奥林和超藤葡萄套专用袋的浆果可溶性固形物含量略有降低，套报纸袋的浆果却比未套袋果降低0.8%。

套袋对果实可滴定酸的影响不一。相同条件下，红将军苹果套单层袋时，可滴定酸含量高于未套袋果；套双层袋和膜+纸袋时，可滴定酸含量下降。石榴和砀山梨套袋后，可滴定酸含量明显高于未套袋果。

在套袋红富士果实的发育过程中，可溶性总糖、蔗糖、果糖和葡萄糖含量始终比未套袋果低。

套袋能使果实中淀粉含量有所下降。王少敏等研究，短枝红富士套袋后，果实中淀粉含量随着生长发育而减少。套袋果淀粉含量均低于未套袋果，其中双层袋果实淀粉含量最低。在红富士苹果摘袋后的迅速着色期，各种可溶性糖、有机酸的含量均显著低于对照果，其中蔗糖和山梨醇含量降低最为明显，而葡萄糖和果糖含量差异相对较小，有机酸含量差别不明显。

套袋对果实矿物质元素含量具有影响。林存峰认为，套袋对锦丰梨幼果和成熟果的氮、磷含量无明显影响，而钾、钙、镁含量则明显下降。

（四）套袋降低果实农药残留

实践表明，套袋对蛀果害虫如食心虫类、卷叶虫类、螨类、蝽象类以及梨象、污果的梨木虱等，对于果实病害如轮纹病、炭疽病、赤星病、黑星病等，都有较好的防治效果。冯明祥等对寒露蜜桃套袋，对照果的病虫率高达37.14%，而套袋果则未发现病虫果。套袋果中农药残留有明显降低，不套袋果的甲基对硫磷残留量是套袋果的1.66、2.29和4.74倍，水胺硫磷残留量是5.54、6.31和6.59倍。套袋果实的果心和果肉中农药残留减少最多，果皮次之，但套袋并不能完全避免农药残留。陈合等测定结果表明，不套袋苹果的重金属含量明显高于套袋苹果，套单层纸袋苹果的重金属（Pb、Cd、Cr）含量高于套双层纸

袋苹果，重金属主要集中在果皮中；不套袋苹果果皮中三氟氯氰菊酯的检出量为0.03毫克 / 千克，套单层纸袋苹果果皮检出量为0.01毫克 / 千克，套双层果袋未检出。套袋可以明显降低果实有机磷和有机硫含量。刘建海等指出，套袋苹果未检测出辛硫磷，符合NY 5011－2001国家农业行业标准，而未套袋苹果的辛硫磷含量超出国家标准。

据于毅等试验，对苹果树喷施50%甲基对硫磷和25%乙酰甲胺磷1 000倍液，1～7天后测定果实中的农药残留量。与不套袋的相比，套袋苹果的两种药残留量分别减少了65%～68.75%和45.0%～84.85%，不套袋苹果果皮的农药残留量要比果肉高95.83%～94.57%。在沂源葡萄基地，套袋红提葡萄和巨峰葡萄的平均病穗率分别为14.44%和17.12%，较不套袋减少37.44%和38.7%。全年打药可减少2～4次。因此，要大力提倡全园套袋，选择标准果实专用袋，增强果实的防药和防病能力，规范套袋操作技术和套袋果园用药等。

（五）套袋改善果实贮藏性

影响果实耐贮性的因素较多，如树种、品种、栽培管理水平、环境条件、病虫防治技术、采收技术，以及贮藏的温度、湿度、气体成分等。生产过程中，通过果实套袋可以改变果皮结构，延缓果皮蒸腾失水的速度，减轻病虫害侵害，从而增强果实的耐贮性。果皮结构对果实的耐贮性有重要影响。果实散失水分主要通过皮孔和角质层裂缝，而角质层是气体交换的主要通道。角质层过厚，则果实气体交换不良，二氧化碳、己醛、己醇等大量积累而发生褐变；过薄，则果实代谢旺盛，抗病性下降。套袋后皮孔覆盖值降低，角质层分布均匀一致，果实不易失水皱皮。套袋可降低果实贮藏期的腐烂率，可能与多种因素有关，如机械损伤、温度、酶活性和采收前的病虫危害等。据调查，苹果贮藏120天，套袋果烂果率为0.8%，不套袋果为14.2%，降低13.4%；套袋果的失重率要低于不套袋果。套袋有利于果实贮藏期硬度的保持。据Tukey报道，用无孔塑料袋套袋后，由于湿度太大，苹果果锈发生严重，贮藏期中易失水皱皮。

（六）套袋降低裂果率

梨的裂果通常发生于生长发育后期，表皮层细胞分生能力减弱，果实内部生长应力增大，果皮不能适应而发生裂果。套袋能显著减轻梨的裂果率，据刘建福等研究，南方地区早酥梨套袋后裂果率为7.50%，而不套袋果裂果率高达63.41%，且套袋果的裂口长度短、深度浅，裂果指数小。分析认为，套袋能防止裂果的主要原因，主要是减轻了果皮所受的不良环境条件刺激，同时套袋果实内钾元素显著增加，有助于调节细胞水分。

中华寿桃果实发育期长（发育期180天），果实长期受

不良气候因素、病虫害、药物的刺激和环境影响，表面老化，很容易发生裂果。套袋能延缓果实表皮细胞、角质层、细胞纤维等的老化，使果实保持在相对稳定的环境中。据朱更瑞等调查，套袋可以有效防止油桃裂果，采用牛皮纸袋和白纸袋均无裂果和流胶，仅报纸袋有10%裂果，均为极浅的细条纹，无流胶；对照裂果严重，为纵横交错，且部分裂果发生流胶。鹤田富雄认为，桃无袋化栽培的条件之一是选用无裂果特性的桃品种，从另一面也说明了套袋是日本防止桃裂果的主要技术手段。

（七）套袋提高优质果率

套袋后可防止灰尘、农药等对果面的污染，以及煤污病等。另外，套袋还可防止鸟雀、大金龟子、大蜂类等的危害，以及防止冰雹伤果等。套袋前结合疏果，几乎无残次果，因此，大大提高了果实的等级果率。根据近年来对套袋红富士苹果市场调查显示，套袋果售价比未套袋果高2～3倍。桃套袋果果肉中的纤维和红色素大大减少，果实成熟一致，适于加工成高档罐头制品。

套袋果树花果管理

（一）提高坐果率措施

1. 人工辅助授粉

苹果、梨自花授粉结实率很低，进行人工辅助授粉可显著提高坐果率。果树的花期短，尤其在花期遇到阴雨、低温、大风及干热风等不良气候条件，造成严重授粉受精不良时，人工授粉效果会更好。

（1）采花：在栽培品种开花前，选择适宜的授粉品种，采集含苞待放的铃铛花，带回室内。采花时要注意不要影响授粉树的产量，按疏花的要求进行。采花量根据授粉面积来定。据报道，每10千克鲜花能出1千克鲜花药；每5千克鲜花药在阴干后能出1千克干花粉（含干的花药壳），可供30～50亩果园授粉用。

（2）采取花粉：采回的鲜花立即取花药，操作时将两花互相对搓。把花药放在光滑的纸上，去除花丝、花瓣等杂物，准备取粉。大面积授粉可采用花粉机制粉。取粉

方法有3种：一是阴干取粉。将花药均匀摊在光滑洁净的纸上，放在相对湿度60%～80%、20～25℃的通风房间内，经2天左右花药即可自行开裂，散出黄色的花粉。二是火炕增温取粉。在火炕上垫上厚纸板，放上光滑洁净的纸，纸上平放一温度计，将花药均匀摊在上面，保持22～25℃，一般1天左右即可取粉。三是温箱取粉。取一纸箱（苹果箱、木箱等），箱底铺一张光洁的纸板或报纸，放上温度计，摊匀花粉，悬挂一个60～100瓦灯泡。调整灯泡高度，使箱底保持22～25℃，经24小时左右即可取粉。干燥好的花粉连同花药壳一起，收集在干燥的玻璃瓶中，放在阴凉干燥的地方备用。

（3）授粉方法：花开放当天授粉坐果率最高，因此，要在初花期即全树约有25%的花开放时就抓紧开始授粉，授粉要在9～16时进行。同时，要注意分期授粉，一般于初花期和盛花期授粉两次效果比较好。

一是点授，用旧报纸卷成铅笔样的硬纸棒，一端磨细成削好的铅笔样，用来蘸取花粉，也可以用毛笔或橡皮头。花粉装在干净的小玻璃瓶中，授粉时将蘸有花粉的纸棒向初开的花心轻轻一点就行。一次蘸粉可点3～5朵花，一般每花序授1～2朵。

二是花粉袋撒粉。将花粉混合50倍的滑石粉或地瓜面，装在两层纱布袋中，绑在长竹竿上，在树冠上方轻轻振动，使花粉均匀落下。

三是液体授粉。将花粉研细过筛，每1千克水加花粉2克、糖50克、尿素3克、硼砂2克，配成悬浮液，用超低量喷雾器喷雾。注意悬浮液要随配随用。

授粉时要保持花粉良好的生活力，注意采粉、取粉过程中阴干、加温等环节，避免花粉受到高温灼伤。一次授粉结束后，剩余花粉易黏结，及时带回室内晾干，放在玻璃板上碾碎，以便再用。花药干燥散粉后，要连同花粉囊一起用纸包好，或放入玻璃瓶内，扎紧瓶口，放置干燥阴凉处备用。若花期遇雨，要冒雨抢时间授粉，并且单花的授粉量要适当增加，同时增加授粉次数，开一次花授一次粉，以减少不良天气造成的损失。

2. 花期放蜂

果园花期放蜂，可以大大提高授粉效率，可避免人工授粉时间掌握不准，对树梢及内膛操作不便等弊端。生产中花期主要放蜜蜂和壁蜂。

（1）蜜蜂授粉：一般每箱蜂可以保证0.5～0.7公顷果园授粉。果园放蜂时，在开花前2～3天将蜂放入果园，使蜜蜂熟悉果园环境，有利于蜜蜂活动和授粉。放蜂果园花期和花前不要喷农药，以免造成损失。

（2）壁蜂授粉：目前我国专门为果树授粉的壁蜂有5种，即紫壁蜂、凹唇壁蜂、角额壁蜂、叉壁蜂和壮壁蜂，其中凹唇壁蜂和角额壁蜂在苹果生产中应用较多。

巢管和巢箱的制作：巢管主要采用芦苇管，内径为

6～6.8毫米。选择适宜内径的芦苇，锯成16～18厘米长的芦管，一端留节、一端开口，管口应不留毛刺，芦管无虫孔。将管口染成红、绿、黄、白4种颜色，比例为20∶15∶10∶5。然后将芦苇巢管每50支用细绳、细铁丝捆成一捆，备用。

巢箱主要有3种，即硬纸箱包裹一层塑料薄膜，木板钉成的木质巢箱，砖石砌成的永久性巢箱。各巢箱体积均为20厘米 ×26厘米 ×20厘米，5面封闭，1面开口，留檐长度不少于10厘米。巢管排列时先在巢箱底部放3捆，其上放一硬纸板，并突出巢管1～2厘米。在硬纸板上放3捆巢管，上面再放一硬纸板。在巢箱上部的两个内侧面用石块或木条将纸板和巢捆固定在巢箱中，巢管顶部与巢捆间留一空隙，供放蜂时安放蜂茧盒之用。

在释放壁蜂前，设置好蜂巢。蜂巢场地选择在背风向阳处，要有活动空间。巢口向南，每隔20米放一个，每亩放蜂巢1.5个。蜂巢距地面40～50厘米，蜂巢上盖防雨板，要超出蜂巢口10厘米。在蜂巢附近1～2米远，挖一个长40厘米、宽30厘米、深30厘米的土坑，然后铺上塑料布，再装上一半土、一半水，并经常保持坑内半水半泥状态，给壁蜂采泥封茧用。为解决花粉不足的问题，可在蜂巢周围栽一些萝卜等蜜源植物。

释放壁蜂的时间和方法：将购回的蜂茧装入罐头瓶，用纱布和橡皮筋将瓶口封紧，放在冰箱中保持0～4℃保存。释放前5～7天从4℃调到8℃。在苹果开花前3～4天，将蜂茧从冰箱中取出，装在带有3个孔眼的小纸盒里（直径6.5厘米，可用小药品盒），每盒放60头蜂茧，分别放在蜂巢口前。放蜂8～9天后检查蜂茧，对没有破茧的成虫要在茧突部位割一个小口，以帮助出茧。另外，在放蜂期要防治蚂蚁、雀鸟等天敌危害，防止雨水浸湿蜂巢，并禁止喷农药。

收巢管与保存：在壁蜂停止活动1周后，收回有蜂茧的巢管，将巢管捆好，挂在通风无污染的空房横梁上，以防鼠、雀和螨等。于12月初剥巢取茧，然后每500个蜂茧装一罐头瓶中，常温保存。春节后放入冰箱中0～4℃保存。

壁蜂的授粉能力是普通蜜蜂的70～80倍，每亩果园仅需60～80头即可满足需要。果园放蜂要注意花期和花前不要喷农药，以免蜂中毒，造成不必要的损失。

3. 花期喷肥

增加花期营养，可以明显提高坐果率。苹果的生理落果主要是因树体储藏的营养不足造成的，因此，在加强土壤施肥的基础上，应在早春树上补充适量的速效氮肥。如花期和幼果期各喷一次0.3%尿素，或花期喷两次0.3%硼砂混加0.3%尿素；花后喷50×10^{-6}～100×10^{-6}的细胞分裂素（6-BA）。

4. 加强栽培管理

（1）环剥或环割：环剥即环状剥皮，就是将枝干上的

皮层剥去一圈的措施。环割即环状割伤，是在枝干上横割一道或数道圆环，深至木质部的刀口。环剥、环割暂时隔断了树体上、下部正常的营养交流，根的生长暂时停止，根的吸收力减弱。同时阻止养分向下运输，能暂时增加环剥、环割口以上部位碳水化合物的积累，并使生长素含量下降，从而抑制当年新梢营养生长，促进生殖生长，有利于花芽形成和提高坐果率。

花期（春季开花前至花后10天）在旺枝、徒长枝基部环剥、环割，上强树在一层主枝以上的中干上环剥，旺长新梢摘心，集中养分供应，不仅可以提高坐果率，而且可以增大果个。

（2）花前复剪：复剪是在芽子萌动至花期前进行，是冬季修剪的一个补充措施，主要用于调整花量。当苹果树小年时，冬季修剪花芽难以识别，复剪既可以不误剪花芽，又可疏除无用枝条；当冬季修剪留花芽过多时，复剪可减少营养消耗，有利于提高坐果率和果实品质。复剪时，可以去弱留强、去直留斜，兼顾更新结果枝组的作用，花前复剪对调整小年树更为重要。

（二）疏花疏果与合理负载

1. 疏花疏果

（1）以花定果法：能够促使树体健壮，抗病力增强，减轻或克服“大小年”结果现象。丰产稳产、果个大、果

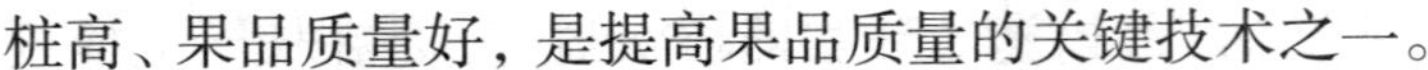

桩高、果品质量好，是提高果品质量的关键技术之一。

疏花要于花序分离期开始，至开花前完成，越早越好，一次完成。按每20～25厘米留1个花序，多余花序全部疏除。疏花时要先上后下、先里后外，先去掉弱枝花、腋花和顶头花，多留短枝花。然后疏除每花序的边花，只留中心花，小型果可多留1朵边花。

以花定果法必须具有健壮的树势和饱满的花芽，冬季要进行细致修剪，剪除弱枝弱花芽，选留壮枝饱满芽；另外，果园内授粉树数量要充足，配备要合理，同时进行人工辅助授粉，以确保坐果。

（2）间距疏果法：疏果要在谢花后10天开始，20天内完成。这样不仅能节省大量营养，促进幼果发育和枝叶生长，提高果品产量和质量，而且有利于花芽分化和形成，做到优质、丰产、稳产。同时严格控制留果量，防止过量结果。

苹果根据品种、树势和栽培条件，合理确定留果间距和留果量。大型果苹果品种如元帅系、红富士系等，每隔20～25厘米留1个果台，每台只留1个中心果，壮树壮枝每20厘米留1个果，弱树弱枝每25厘米留1个果。小型果品种每台可留2个果，其余全部疏掉。疏果时要先去掉小果、病虫果和畸形果，保留大果、好果。

梨疏果时按照距离定果，即每隔20～25厘米留一果形端正、下垂边果。光照条件好的斜生枝可20厘米留一果，荫蔽枝、下垂枝25厘米留一果。套袋梨园果实易发生

日烧病，疏果后叶果比应比不套袋梨园稍大一些，以利于蒸腾水分，降低温度。一般叶果比保持在30∶1～60∶1，品种之间有较大的差别。早熟品种、大果型品种、日本梨、叶片较小的西洋梨叶果比宜大些，晚熟品种、中小果型品种叶果比宜小些。

桃树花芽多，开花坐果率高，若任其自然结果，会造成负载量过大。结果过量，果个小，品质差，而且树体消耗养分多，树势弱，翌年结果少。因此，必须注意疏花疏果，控制其负载量。疏花劳动效率高，节省养分，有利于所留花的坐果和幼果前期发育。

桃疏花以疏蕾为主，在花蕾开始露红、开花前4～5天进行。此期只需用手指轻拨，即可去掉花蕾。在长果枝上疏掉前部和后部花蕾，留中间位置的花蕾。短果枝和花束状果枝则去后部花蕾，留前端的。双花芽节位只留1个花蕾。所留花蕾最好位于果树两侧或斜下侧。一般长果枝留5～6个，中果枝3～4个，短果枝和花束状果枝留2～3个，预备枝上不留蕾。一般疏果分两次进行，在第1次生理落果之后，谢花后20天的5月上旬进行。疏掉发育不良、畸形、直立着生果和小果、无叶果，留生长匀称的长形大果。第2次疏果也称定果，谢花后5～6周的5月下旬至6月上旬，第二次生理落果后、硬核前进行。

定果做到按产定果，按树按枝留果。一株桃树应留多少果比较适宜，能依据的参数有枝果比、叶果比和果间距等。据青岛市农科所研究，特大型果如中华寿桃、十月红叶果比应为50∶1，或果间距为20厘米。中密度园片管理较好的成年树，每亩产量可控制在3 000千克左右，每株平均在50～60千克，以2个果为500克计。中大型果如寒露蜜、燕红，叶果比为25∶1～30∶1，果间距15～20厘米，每亩产量可控制在3 000千克左右。小型果如早香玉，以3.5～5个果为500克计，叶果比为15∶1，果间距为15厘米。

一般葡萄花序整形在开花前完成。花序整形包括去副梢，掐穗尖，确定留穗长度或留蕾数等。对巨峰等品种的花序整形，应先除去副穗和上部3节的小支梗，再对留下的支梗中的长支梗掐尖，一般在7～9厘米长处掐穗尖，所留支梗数以12～13节为宜。对一些粒松，但果粒不如巨峰大的品种，基本方法与巨峰相同，但所留支梗节数可稍多些（15～16节），以保证有足够的穗重。红提等坐果率高、果穗紧的大果穗品种，应去掉副穗和花序基部3～4节的一节支梗，以避免坐果后果穗过紧。

葡萄疏穗的时间越早越好，一般在盛花后15～20天，把坐果不好的穗、弱枝上的穗疏除；按1个结果枝保留1个果穗的标准，疏去多余的果穗，强壮的结果枝可保留2穗。疏穗工作要在果粒软化期前结束。

葡萄疏粒前先进行果穗整形，即把果穗上比较松散的几个副穗和1/5～1/4的穗尖剪除。对大果穗可以把支轴每隔1个去掉1个，使果穗饱满紧凑、大小整齐、形状均

匀。将搁置在枝蔓及架材上的果穗进行调整，使其垂直向下。日本提出的巨峰葡萄果穗标准，以穗重350克、粒重10～12克、每穗30～35个果粒比较适宜。

疏花疏果技术要因树制宜，对于授粉条件好、坐果率高的果园，可以采用先疏花、后定果的方法，即按照留果标准选留壮枝花序，把多余花序全部疏除，坐果后再定果；对于授粉条件差、坐果率较低的果园，可以采用一次性疏果定果的方法。如果前期留花留果过多，到7月上、中旬时可明显看出超负荷，要坚决后期疏果。

2. 合理负载

套袋栽培要求严格控制负载量，果实分布均匀合理。果实与树体枝条的分布是一致的，尽量使套袋果均匀分布在枝条的下方，最大限度降低纸袋遮光对叶片生长造成的不良影响，同时避免阳光直射果实。

留花留果的标准，应根据品种、树龄、管理水平及品质要求来确定。

（1）依据主干截面积确定留花果量：树体的负载能力与其树干粗度密切相关，可以此为依据计算苹果树适宜的留花、留果量。

$$Y=(3\sim4)\times 0.08C^2\times A$$

式中，Y 指单株合理留花、留果量（个）；3～4指每平方厘米干截面积留3～4个果（按每千克6个果计算）；C 为树干距地面20厘米处的周长（厘米）；A 为保险系数，以花定果时取1.20，即多留20%的花量，疏果定果时取1.05，即多留5%的果量。

使用时，只要量出距地面20厘米处的干周，代入公式，就可以计算出该株适宜的留果个数。如某单株干周为30厘米，单株留花量=3×0.08×302×1.20=259.2≈259（个），留果量=3×0.08×302×1.05=226.8≈227（个）。

（2）依据主枝截面积确定留花果量：以主干截面积确定留花果量，在幼树上容易做到，而在成龄大树上，总负载量在各主枝上如何分担就不容易掌握。因此，山东省果树研究所提出，以主枝截面积确定各主枝适宜的留花果量。公式如下：合理留花量（个）=（3～4）×0.08C^2；合理留果量=（3～4）×0.066C^2，C为主枝基部处的周长（厘米）。以上公式在3～8个主枝时都可以应用。

（3）葡萄的标准产量，是根据生产1千克果实所需要的叶面积和一定栽培面积能够保持的叶面积计算出来的。生产中合理的负载量一般是凭经验得出的，日本提出巨峰葡萄以亩产800～1 000千克为宜，按平均穗重350克计算，每亩保留2 200～2 900果穗比较适宜；奥林比亚等红色品种因为着色时需要较多的光照，而且糖度必须在18度以上时才能着色良好，所以产量要稍低，一般达到巨峰的80%即可。据报道，巨峰葡萄在亩产2 000千克时，套袋效果十分明显，果实品质优良；亩产4 000千克时，果实品质严重下降，糖分不足，着色困难。

四 果实套袋技术

我国果实套袋栽培已有近30年的历程，从引进国外果实袋到目前我国自制多品种、多种类专用纸袋，从苹果果实套袋到多树种果实套袋，广大从业者边生产边研究，形成了一整套的果实套袋栽培技术体系，提高了果品的优质率，降低了农药残留，推动了出口创汇，增加了农民收入。

（一）果实套袋前的管理措施

要求在树体枝量合理、病虫防治有保障的前提下套袋，否则，效果差且易出现病虫害。首先在冬季修剪时就要注意调整树体结构，原则是树冠稀疏，通风透光良好，达到生长季节树冠下有“花影”；其次，农药不能直接喷到套袋果，病虫易繁殖，因此，应在套袋前全面均匀喷布1～2遍杀虫、杀菌剂；第三，果实套袋的目的是生产优质果品，为避免产生次级果，降低效益，浪费纸袋，应进行

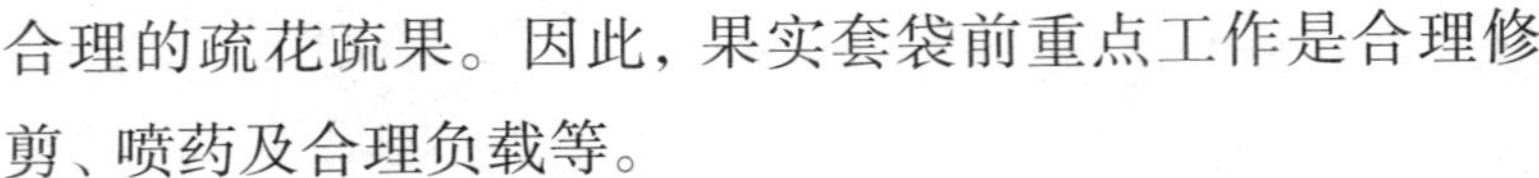

合理的疏花疏果。因此，果实套袋前重点工作是合理修剪、喷药及合理负载等。

1. 修剪技术合理

果实套袋栽培要求高光照树形和树体结构，果实套袋后遮光，势必影响树体的光照状况，传统的整形修剪方式应加以改进，否则，会造成树体光照状况恶化，叶片光合作用下降，枝条纤弱，花芽分化不良，果实品质下降，而且易助长果锈的发生，病虫滋生，严重影响套袋的效果。因此，套袋的果树要求枝条稀疏，层间距适当加大，以降低生长季叶幕的厚度。枝条分布掌握“三稀三密”的原则，即树体上部枝条稀，下部枝条密；外部枝稀，内膛枝密；大枝稀，小枝密。这样有利于光照进入内膛，达到立体结果的目的。果实套袋栽培要求树体矮化，单株树体结构和果园群体结构应合理。在加强土肥水管理的基础上，主要是通过合理的整形修剪来解决，这就需要一定的整形修剪标准。如套袋苹果树的整形修剪指标：覆盖率为75%左右；枝量为10万~12万条（冬剪后7万~9万条）；枝类组成是中短枝比例90%左右，其中一类短枝占总短枝量的40%以上，优质花枝率占25%~30%；花芽量为花芽分化率占总枝量的30%左右，冬剪后花芽与叶芽比为1∶3~1∶4，亩留芽量1.2万~1.5万个；盛果期树新梢长度35厘米，幼树50厘米。

苹果套袋栽培具有高度集约化、规范化的特点，树体要矮化。若树体过高，人工授粉、疏花疏果、套袋、摘袋、采收以及喷药等作业极不方便。一般要求大冠树树高在3.5米以下，中冠树在3.0米以下，小冠树在2.5米以下。要做到因树修剪，随枝造形，有形不死，无形不乱。苹果丰产主要采用自由纺锤形、细长纺锤形、改良纺锤形及二层开心形等。

夏季修剪从萌芽开始至落叶前，采用刻芽、抹芽、摘心、扭梢、拉枝、拿梢、疏梢（枝）以及环割（剥）等方法。秋季修剪，要使每枝的叶层光照均匀，各枝要有足够的空间，以便保证有足够的光照。这样在果实着色期内，即在除袋后，清除树冠内徒长枝，疏除外围竞争枝，以及骨干枝背上直立旺梢，是保证光照的重要手段。另外，在果实重力的作用下，树冠下部部分裙枝和长结果枝容易压弯下垂，可采用立支柱或吊枝等措施。冬季修剪在落叶后至萌芽前进行，主要目的是调整树体结构，复壮结果枝组，理顺从属关系，保障树体的通风透光。

2. 套袋前的病虫害防治

（1）苹果套袋前喷药：苹果的定果套袋期，防治重点是早期落叶病、轮纹病、炭疽病、红蜘蛛、蚜虫、金纹细蛾、棉铃虫和桃小食心虫等。

谢花后喷布第一次杀菌剂。为防治早期落叶病和霉心病，可以选用10%宝丽安1 000～1 500倍液，或者1.5%多抗霉素300～500倍液、50%扑海因1 000～1 500倍液、70%乙锰合剂300～400倍液等；防治轮纹烂果病，可用70%甲基托布津800～1 000倍液，或25%炭特灵600～800倍液、轮纹净300～500倍液等；在白粉病发生的园片，可以混入20%粉锈宁3 000倍液，喷布第二遍杀菌剂，防治早期落叶病、轮纹病和霉心病等。为防治苹果蚜虫，可喷布24%万灵水剂1 000～1 200倍液，或90%万灵可湿性粉剂4 000～5 000倍液、10%吡虫啉（扑虱蚜）3 000～5 000倍液；为防治金纹细蛾，可喷布20%杀铃脲（氟幼灵）8 000～10 000倍液，或25%灭幼脲3号2 000倍液，兼治多种鳞翅目害虫。

经常发生苦痘病的果园，在坐果后每隔半个月喷一次氨基酸钙300倍液，悬挂桃小食心虫性诱芯。6月上旬根据预测预报情况，在雨后幼虫连续出土时地面撒施辛硫磷颗粒剂，每公顷果园用药30～37.5千克。或地面喷施40.7%乐斯本400～500倍液，或50%辛硫磷200～300倍液，喷后浅锄耙平。

6月上旬是防治果实和叶部病害的关键时期，及时喷布一遍杀菌剂。此时如果全园已经完成套袋，可以喷施1∶2∶200波尔多液。如果尚未完成套袋，可以改喷70%甲基托布津800倍液或5%菌毒清300倍液。

（2）梨套袋前喷药：套袋前必须严格喷一遍杀虫、杀

菌剂，这对于防治果实套袋后的病虫害十分关键。

梨花序分离至小球期喷布杀虫剂，防治已孵化的梨木虱、黄粉虫若虫，以及梨蚜、红蜘蛛等。使用的药剂有0.5° Be石硫合剂、甲胺磷、水胺硫磷等。80%～90%花瓣脱落时，喷布杀虫、杀菌剂。此时为梨木虱第一代若虫盛发期，28%硫氰乳油2 000倍液、10%氯氰菊酯乳油1 500倍液、20%双甲脒1 000倍液等防效较好。此期防治黑星病和黑斑病等，可用10%多抗霉素1200倍液或福星6 000倍液等。有叶锈螨危害的梨园，可在此期喷布20%螨死净2 000倍液或50%硫悬浮剂600倍液。

针对危害果实的病虫害，选择高效杀虫、杀菌剂。忌用油剂、乳剂和标有“F”的复合剂农药，慎用或不用波尔多液、无机硫剂、三唑福美类、硫酸锌、尿素及黄腐酸盐类等对果皮刺激性较强的农药和化肥。高效杀菌剂可选用单体50%甲基托布津800倍液、单体70%甲基托布津800倍液、10%宝丽安1 500倍液、1.5%多抗霉素400倍液、喷克800倍液、甲基托布津＋大生M-45、多菌灵＋乙磷铝、甲基托布津＋多抗霉素等。杀虫剂可选用菊酯类农药、对硫磷、敌敌畏、氧化乐果等，黄粉虫和康氏粉蚧发生较为严重的梨园，宜选用两种以上杀虫剂，如氧化乐果和敌敌畏乳剂。为减少打药次数和梨园用工，杀虫剂和杀菌剂宜混合喷施，如70%甲基托布津800倍液＋灭多威1 000倍液，或12.5%烯唑醇可湿性粉剂2 500倍液＋25%

溴氰菊酯乳油3 000倍液。

套袋前喷药重点在果面，但喷头不要离果面太近，否则，压力过大易造成锈斑或发生药害。药液呈细雾状均匀喷布在果实上，应喷至淋洗状。待药液干燥后即可套袋，严禁药液未干即套袋，否则，会产生药害。

3. 严格控制负载量

果实分布要均匀合理，留果过多会加重纸袋的遮光，因此，要严格疏花疏果、合理负载。果实与树体枝条的分布是一致的，尽量使套袋果均匀分布在枝条的下方，避免遮光和日烧现象。

梨果套袋要求树体矮化，枝叶量降低，作业方便、高效。根据河北中南部梨区的经验，大、中冠树树高降至4～4.5米以下，二层叶幕，叶幕厚度1～1.2米，叶幕间距60～80厘米，亩枝量3万～4万个，叶面积系数为4左右。每亩留果量1.3万个，亩产控制在2 500千克左右。

（二）纸袋类别及选择

1. 果实袋的构造

果实袋具有一定的耐候性和适宜透光光谱，且能防治果实病虫害，具有国家注册商标，经过技术监督部门的认可。果实袋质量主要取决于纸张的质量、规格和制袋工艺，具有强度大、风吹雨淋不变形、不破碎的特点；具有

适宜的透隙度，避免袋内湿度过大、温度过高；果实袋颜色浅，反射光照较多，这样袋内温度不至过高或升温过快。为了有效增强果袋的抗雨水冲刷能力，要用防水胶处理。果袋用纸的透光率和透光光谱是重要指标，应根据不同品种、不同地区和不同的套袋目的，选用不同的纸袋。果袋还应涂布杀虫、杀菌剂，套袋后在一定温度下产生短期雾化作用，抑制害虫进入袋内或杀死进入袋内的病菌和害虫，以确保果实不受危害。

果实专用袋是由袋口、袋切口、捆扎丝、袋体、袋底、除袋切线和通气放水孔等部分组成（图4-1）。袋切口的作用是便于撑开袋口，亦可把果柄固定在此处，以便果实位于袋体中央，防止果实与袋壁接触，引起日烧病、水锈等；

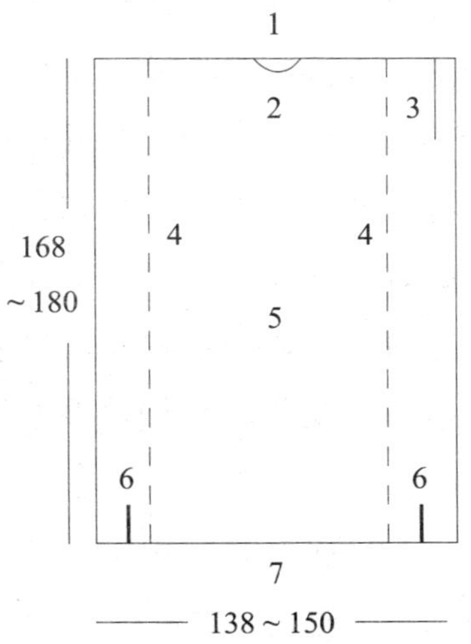

1. 袋口　2. 袋切口　3. 捆扎丝　4. 除袋切线　5. 袋体　6. 通风防水孔　7. 袋底

图4-1　苹果果实袋构造（单位：毫米）

为提高套袋效率，商品纸袋袋口一端均附有一段细铁丝，作为捆扎袋口用，称为捆扎丝；除袋切线的作用是除袋时撕开纸袋，可以大大提高除袋效率；通气放水口的作用是使袋内空气与外界流通，防止袋内温度过高、湿度过大。

要根据不同葡萄品种的穗型选用葡萄袋，一般有175毫米 × 245毫米、190毫米 × 265毫米、203毫米 × 290毫米等规格，在袋上口附有一条长约65毫米的细铁丝做封口用，底部两角各有一个排水孔。用塑料薄膜制成的果袋还要有多个通气孔。

2. 果实袋的种类

果实袋可以分为单层袋、双层袋和三层袋；按照果实袋的大小，可分为大袋和小袋；按照果实袋涂布的药剂不同，可分为防虫袋、杀菌袋和防虫、杀菌袋三类；按照捆扎丝的位置，可分横丝袋和竖丝袋两种；若按照袋口形状，可分为平口袋、凹形口袋及V形口袋等。袋的遮光性愈强，促进着色的效果愈显著。一般双层纸袋比单层纸袋遮光性强，故促进着色、防病虫和降低果实农药残留量的效果均好于单层袋。三层袋的套袋效果更佳，但成本较高，仅有少量果农采用。

(1) 双层袋：日本所用的双层袋，外袋是双色纸，外侧主要为灰色、绿色、蓝色，内侧为黑色。外袋起到隔绝阳光的作用，果皮叶绿素的生成在生长期即被抑制，含量

极低。内袋由农药处理过的蜡纸制成，主要有绿色、红色和蓝色。台湾双层袋，外袋外侧灰色、内侧黑色，内袋为黑色；我国生产的双层袋，外袋外侧灰色、内侧黑色，内袋为红色。

（2）单层袋：生产中应用较多。如台湾的单层袋，外侧银灰色，内侧黑色；我国生产的单层袋外侧灰色，内侧黑色单层袋（复合纸袋）；木浆纸原色单层袋；黄色涂蜡单层袋；除商品果袋外，还有果农自己制作的自制袋，套袋效果也不错，制作时应该用全木浆纸，这种纸机械强度较高，可避免使用过程中纸袋破损，而不应该用草浆纸等。制作报纸袋时可用缝纫机缝制，并涂布一层石蜡或柿漆油，可增强抗雨水冲刷能力。

涂蜡木浆纸袋在高温季节袋内温度过高，较易发生日烧病；新闻报纸袋缺点是易破碎。

3. 苹果纸袋

生产中选用果实袋，应依据苹果品种、立地条件等因素而定。

（1）以苹果品种选择袋型：黄色和绿色苹果品种不需着色，套袋的目的主要是促进果面光洁和降低果实中农药残留量，这类苹果品种以金帅为代表，为防除金帅果锈，宜选用单层袋。我国主要选用原色木浆纸袋和复合型单层袋，日本选用PK-5号（64毫米 × 88毫米）、牛皮纸小袋（80毫米 × 100毫米）和千曲黑2–8（138毫米 × 168毫米）。

较易着色的红色苹果品种，如嘎拉、新红星、新乔纳金等主要采用单层袋，如复合型纸袋和原色木浆纸袋。

较难着色的红色苹果品种，如红将军、红富士、乔纳金等，主要采用双层袋。我国对以上品种未具体研制袋型，而日本却研制出具体袋型。红富士袋型：M千曲竹青2–8（138毫米 × 168毫米）、M千曲红2–8（138毫米 × 168毫米）、M千曲绀紫2–8（138毫米 × 168毫米）、千曲竹青2–8、千曲红2–8和千曲绀紫2–8（138毫米 × 168毫米）；乔纳金袋型：M千曲竹青2–8（138毫米 × 168毫米）、M千曲红2–8（138毫米 × 168毫米）、千曲竹青2–7（142毫米 × 172毫米）和千曲红2–7（142毫米 × 172毫米）。北斗苹果袋型：千曲竹青2–7和千曲红2–7。

（2）以立地条件选用袋型：气候条件如光照、昼夜温差、降水等，对套袋果有很大影响。因此，不同的气候环境条件，即使同一苹果品种应用的果实袋型，也应有所差别。

如较难上色的红富士苹果，在海拔高、温差大、光照强的地区宜采用单层袋，促进着色的效果不错；在海洋性气候或内陆温差较小的地区，宜采用双层袋，促进着色。

高温多雨地区宜选用通气性良好的果实袋，防止袋内高温、高湿而诱发水锈；高温少雨的地区宜采用反光性强的纸袋，不宜采用涂蜡纸袋，最大限度地避免日烧病；在

西北黄土高原和西南高原等高海拔地区，一般苹果品种极易上色，有时会出现着色过浓的现象，可套单层袋解决。

4. 梨纸袋

(1) 梨纸袋的种类：按照果袋的层数，可分为单层、双层两种。单层纸袋只有一层原纸，重量轻，可有效防止风刮折断果柄，透光性相对较强，一般用于果皮颜色较浅，果点稀少且浅，不需着色的品种。双层纸袋有两层原纸，分内袋和外袋，遮光性能相对较强，用于果皮颜色较深的红皮梨品种，防病的效果好于单层袋。

梨果袋有大袋和小袋之分。大袋套袋后一直到果实采收。小袋亦称“防锈袋”，套袋时期比大袋早，坐果后即可套袋，可有效预防果点和锈斑。当幼果长到小袋所容不下时，即行解除（带捆扎丝小袋）。带浆糊小袋不必除袋，随果实膨大自行撑破纸袋而脱落。小袋在绝大多数情况下用防水胶黏合，套袋效率高，但也有用捆扎丝的。生产中也有小袋与大袋结合用的，先套一次小袋，再套大袋至果实采收。

按照果袋捆扎丝的位置，可分为横丝和竖丝两种。若按涂布的杀虫、杀菌剂不同，可分为防虫袋、杀菌袋及防虫杀菌袋三类。按袋口形状，又可分为平口、凹形口及V形口几种，以套袋时便于捆扎、固定为原则。若按套用果实，可分青皮梨果袋和赤梨果袋等，其他还有着色袋、保洁袋、防鸟袋等。

日本梨果实袋：二十世纪袋，双层袋，外层为40～45克打蜡（3.5～4千克/令）条纹牛皮纸，内层为白色打蜡小绵纸，规格165毫米×143毫米，防虫、防菌。赤梨袋，双层袋，外层为40～45克打蜡（3.5～4千克/令）条纹牛皮纸，内层为淡黄色打蜡小绵纸，165毫米×143毫米，防虫、防菌。洋梨袋，双层袋，外层为纯白离水加工纸，内层为透明蜡纸，规格有142毫米×172毫米和165毫米×195毫米两种，防虫、防菌；单层袋，45克打蜡（5千克/令）条纹牛皮纸，165毫米×143毫米，防虫、防菌。

我国商品梨袋：白色小蜡袋，5毫米×7毫米或7毫米×10毫米。外黄内黑双层袋，150毫米×188毫米（小中型果用袋），160毫米×198毫米、165毫米×200毫米（大型果用袋），170毫米×210毫米（超大型果用袋）。外黄内白（或外黄内黄）专用袋，160毫米×198毫米（中型果用袋），165毫米×200毫米（大型果用袋），170毫米×210毫米（超大型果用袋）。黄色牛皮纸单层袋，150毫米×188毫米（小型果用袋），160毫米×198毫米（大型果袋），165毫米×200毫米（大型果用袋），170毫米×210毫米（超大型果用袋）。

（2）纸袋类别的选择：梨品种资源丰富，各个栽培区气候条件千差万别，栽培技术水平各异，因此，纸袋选择的好坏直接影响到套袋效果和经济效益。梨属资源异常

丰富，栽培梨就有白梨、砂梨、西洋梨、秋子梨、新疆梨五大系统。因此，梨的皮色十分丰富，自然生产状态下梨果色泽大致可分为褐色、绿色、黄色、红色4种，其中绿色又有黄绿色、绿黄色、翠绿色、浅绿色等；褐色有深褐色、绿褐色、黄褐色；红色有鲜红色、暗红色等。对于外观不甚美观的褐皮梨而言，套袋显得尤其重要。除皮色外，不同梨品种果点和锈斑的发生也不一样，如茌梨品种群（以莱阳茌梨为代表）果点大而密，颜色深，果面粗糙；西洋梨则果点小而稀，颜色浅，果面较为光滑。因此，应根据品种、气候条件、果实形状、原果皮色泽、平均单果重、摘袋后要求的商品果果皮色泽等，选择相应的果袋。

①褐皮梨品种：褐皮梨品种宜一次性套外黄内黑的双层袋，套袋梨的果皮由褐色、粗糙变成淡褐色或褐黄色、细腻、洁净（表4–1）。

表4–1　适宜一次性套外黄内黑袋的梨品种

品种	平均单果重（克）	纸袋规格（毫米）
南水	420	170×210
丰水	300	160×198
圆黄	350	165×200
华山（花山）	400	170×210
新高（星高）	400	175×210
爱宕	410	170×210
天皇	800	180×250
甘泉（甘甜）	350	165×200

②绿色梨品种：绿色梨品种套袋后商品果要求乳黄或金黄色的，应选择白色小蜡袋＋外黄内黑的双层袋，第一次套小蜡袋，第二次套外黄内黑双层袋，相距30～40天；商品果要求淡绿色的，可将二次套袋改为外黄内白或外黄内黄的双层专用袋，套袋后的梨果既保留了原品种的绿色色调或色相，又使果面细嫩、美观。据有的果农试验，要改成淡绿色者也可进行一次性套袋，即不套第一次小袋，直接套一次性外黄内黄、外黄内白大袋，时间应适当早一些。

日本JA全农生产的用作绿皮梨品种套袋如表4–2所示。

表4–2　绿皮梨品种专用套袋

<table>
<tr><th>种类</th><th>名称</th><th>特性</th><th>规格（毫米）</th></tr>
<tr><td rowspan="3">小袋</td><td>拨水01–S.M</td><td>白色石蜡袋，含防治黑斑病药剂</td><td>小71×64</td></tr>
<tr><td>拨水HC01–S</td><td>红棕色石蜡袋</td><td>中81×70</td></tr>
<tr><td>K01–S</td><td>白色石蜡袋</td><td>小100×90</td></tr>
<tr><td rowspan="6">大袋</td><td>拨水H55–L.M</td><td>外层为透明石蜡袋，内层为浅黄褐色纸袋，含防治黑斑病药剂</td><td rowspan="6">中165×143
大175×150</td></tr>
<tr><td>55–L.M</td><td>同上，但不含防治黑斑病药剂</td></tr>
<tr><td>H65–L.M</td><td>外层为黄褐色纸袋，内层为透明石蜡袋，含防治黑斑病药剂</td></tr>
<tr><td>K65–L.M</td><td>同上，但不含防治黑斑病药剂</td></tr>
<tr><td>65–L.M</td><td>同上，但不含防治黑斑病药剂</td></tr>
<tr><td>75–L.M</td><td>同上</td></tr>
</table>

③黄色梨品种：如琥珀、早生黄金、玛瑙等，用高张度防水单层牛皮纸专用袋，就可以达到皮质细嫩的效果。有些商品价值高的梨品种也可采用外黄内白或外黄内黄

的双层袋。

④红色梨品种：如凯斯凯德、超红等品种，可套外黄内黑或外黄内红结构的双层专用袋，在采收前10～15天脱袋即变成鲜红色，果面细腻。

5. 桃纸袋

一般桃果使用白色、黄色、橙色纸袋，不同种类的纸袋对果实品质影响不同（表4–3）。果实袋规格为（13～15）厘米 ×（17～20）厘米。早熟或小果型桃用小袋，晚熟或大果型桃用大袋。日本生产的KMP桃果专用袋规格为139毫米 × 180毫米。山东龙口凯祥有限公司生产的中华寿桃单、双层袋规格均为175毫米 × 188毫米，茶色内黑，经防水、遮光、透气处理，双层袋的内袋为白色涂蜡，经防病虫药剂处理。

表4–3　不同套袋对桃果实品质的影响

袋的种类	光线透过率（%）	落果率	着色度	果面光洁度	糖度（%）	苹果酸含量（%）
报纸袋	7.1	29	2.5	3.3	10.3	0.31
黑色袋	0.1	49	1.8	3.3	9.3	0.40
淡茶色袋	7.2	6	2.6	3.0	10.6	0.40
浆黄色袋	10.2	5	2.4	4.0	10.1	0.37
橙色袋	13.5	14	2.7	3.7	9.8	0.35
黄白色袋	18.6	2	3.2	2.0	10.5	0.36
对照	–	0	3.6	1.0	10.7	0.34

注：测定数据为砂子早生、大久保和白桃的平均值。

白色纸袋透光率高，可用于容易着色的品种；成熟期经常遇雨的地区宜选用浅色袋，不宜选用深色袋；南方多雨潮湿地区，应选用防水、透气性好、涂布绒杀菌剂的果实袋，防止果锈和青斑病发生。一般要求中、早熟品种或设施栽培时，使用白色或黄色袋。晚熟品种用橙色或褐色袋，极晚熟品种使用深色双层袋。容易着色的桃品种，可选用白色或黄色单层果实袋；难以着色的桃品种，要选用外白内黑的复合单层袋，或外层为外白内黑的复合单层纸、内层为白色半透明的双层袋。晚熟品种如中华寿桃，用双层深色袋效果最好。

6. 葡萄纸袋

一般巨峰系葡萄采用专用的纯白色、经过羊水处理的聚乙烯纸袋；红色品种可用透光度大的、带孔玻璃纸袋或塑料薄膜袋；意大利、醉金香等绿色或黄色品种，一般选择黄色或黄褐色等深色果袋；为了降低葡萄的酸度，也可以选用能够提高袋内温度的玻璃纸袋、塑料薄膜袋等。

目前市场上葡萄果袋原纸的种类比较混杂，颜色有白色、浅蓝、浅黄、深黄等。纸袋的规格取决于葡萄果穗类型，果穗较小的品种纸袋也应小些，像红地球、藤稔等大果穗品种果袋相应较大。葡萄园所处地区气候条件不同，葡萄品种不同，对套袋的质地有不同的要求（如不同着色要求的葡萄品种，对套袋透光性的要求不同）。

潘春云等选用烟台台果生产的国产复合纸、国产白纸、进口厚纸和进口薄纸4种套袋，对超级无核、优选皮奥奈、立川无核和安艺无核4个葡萄品种进行试验。结果表明：不同果袋对葡萄的好果率影响较大，进口薄纸袋使用后好果率和果品的商品性显著提高。卢守文（2003）等采用转光膜袋、木浆纸袋和报纸袋进行试验，结果表明：采用透光率较低的木浆纸袋生产的果实品质指标均优于其他套袋果，果穗整齐，品质提高，损失减少；透光率较高的转光膜袋能增加果实可溶性固形物含量，果实成熟早，能在较短时间内增加果实颜色，无污染、投资少、见效快，但易发生日灼，烂果率较高；报纸袋由于淋雨后易皱，紧贴果实表面，造成果实着色不均，果粉较少，商品性状下降。

根据不同地区的生态条件选用适宜的果袋，如在昼夜温差过大的地区和土壤黏重地区，红地球品种存在着色过深的问题，可采用黄色或黄褐色等深色果袋解决。红地球、克瑞森无核和意大利等品种设施延迟栽培，可选择深色果袋，以达到延长果实生育期、延迟果实成熟的目的。

（三）果实套袋方法

1. 苹果、梨、桃套袋方法

果实套袋时的用力方向始终向上，以免拉掉幼果；袋口要扎紧，以免纸袋让风吹掉。通常情况下，应选择着色较好、树势生长健壮的树进行套袋。即在自然条件下，套袋树骨干枝分布应合理，通风透光。树冠外围果着色面积能达到50%，内膛果能达到30%左右的苹果树，套袋后能生产出着色良好的果实；长势中庸偏弱的树，在无袋栽培条件下果实着色良好，但套袋后反而着色不良，且易发生日烧现象。原因是树体及果实的营养水平低，套袋果含糖量又低于不套袋果，影响了花青苷的合成；生长过旺的树，因果实贪长，延迟了成熟期而着色差，套袋以后改变了果实生长发育规律，成熟期可提前。

选定幼果后，手托纸袋，先撑开袋口，或用嘴吹，使袋底两角的通风放水孔张开，袋体膨起。手执袋口下3厘米左右处，袋口向上或袋口向下，套上果实。然后从袋口两侧依次折叠袋口于切口处，将捆扎丝反转90°，扎紧袋口于折叠处，让幼果处于袋体中央，不要将捆扎丝缠在果柄上。

为确保幼果处于袋体中上部，不与袋壁接触，防止蝽象刺果、磨伤、日烧，以及药水、病菌、虫体分泌物通过袋壁污染果面。套袋应十分小心，不要碰触幼果，造成人为“虎皮果”；不要用力过大，防止折伤果柄，拉伤果柄基部；或捆扎丝扎得太紧而影响果实生长，或过松导致果实脱落。袋口不要扎成喇叭口形状，要扎严扎紧，以不损伤果柄为度，防止雨水、药液流入袋内或病虫进入袋内。注意不要把叶片套进袋内。套袋时应“由难到易”，先树上后树下，先内膛后外围，防止套上纸袋后又碰落果实。就

一株树或一个园片而言，最好全株或全园套袋，便于套袋后的集中统一管理。

套袋时尽量使果实在树体内分布均匀，一枝不可套袋过多，使果袋相互邻接。一个花序最好留单果，一个果袋只能套一果，不可一袋双果。因果实袋涂有杀虫、杀菌剂，套袋结束时应洗手，以防中毒。套袋时间最好选在9～11时、15时至日落前，避免在风雨天气操作。

2. 日本长野县苹果套袋操作技术

将果实袋放在左手掌上，左手的2个手指扶住袋子，袋口向下，与手腕平行。用右手的食指把袋子取出的同时，把拇指放入袋口。用左手的拇指、食指和中指捏住袋的左角，向袋内吹气，使袋膨起。用左手的中指夹住果实的柄，使其向外。将袋子从里向外拉的同时，左手拇指也伸入袋内夹住果实。把袋子卷一下，再用两食指，加上左手中指，在袋的开口处夹住果实。同时放开拇指，右手拇指放在固定金属片上，左手拇指放在袋子的右上部。用左手将袋子的7/10部位往左侧倾斜。用左手拇指支住袋子，用食指折回来。就这样用食指支住袋子，再将袋上原有的金属片用右手拇指从右往左折成V字形，并让果实处于袋体中央。

3. 梨套小袋的方法

梨套小袋在落花后1周即可进行，落花后15天内必须套完，使幼果度过果点和果锈发生敏感期，待果实膨大后自行脱落或解除。由于套袋时间短，果实可利用光合作用积累碳水化合物，含糖量降低幅度小，节省套袋费用，缺点是果皮不如套大袋的细嫩、光滑。小袋分为带浆糊和带捆扎丝两种，后者套袋方法基本与大袋相同，仅介绍带浆糊小袋的套袋方法。

取一叠果袋，袋口向下，把带浆糊的一面朝向左手掌，用中指、无名指和小指捏紧纸袋，使拇指和食指能自由活动；用右手拇指和食指捏住袋的中央稍向下处，横向取下一枚；拇指和食指滑动，袋口即开，捏住果梗由带浆糊部位的一侧，将果实纳入袋中。

小袋使用的是特殊黏着剂，雨天、有露水、高温（36℃以上）或干燥时黏着力低。小袋的保存应放在冷暗处密封，防止落上灰尘。小袋开封后尽可能早用，不要留作下一年再用，否则，黏着力降低。另外，风大的地区易被刮落，应采用带捆扎丝的小袋。

（四）套袋时期

一般果树生理落果后定果套袋，金帅以防锈为目的，而幼果期是果锈发生期，因此，套袋应在落花后10天开始，10天内完成，否则，防锈效果差；梨品种为防果锈（如黄金梨），减少果点大小，也应该谢花后半个月套袋（先套小袋、再套大袋）。为避开初夏高温干旱天气，防止日烧

病，可以适当推迟套袋时间，或套袋前全园浇一遍水。套袋时，将纸袋吹胀或用手撑鼓，保证果实在袋中央，以免果面与袋接触而烫伤；袋口一边的铁丝应别在折叠好的袋口处，勿别于果柄或果枝上。

1. 苹果套袋时期

苹果套袋时期与方法掌握不当，会适得其反。依据苹果品种和套袋的目的不同，选择适宜的套袋时期。一般果树生理落果后定果套袋，金帅以防锈为目的，且幼果期易发生果锈，因此，套袋应在谢花后10天开始，10～15天完成，否则，防锈效果差（表4-4）；套袋果实发生日烧病与高温干旱有关，也与纸袋、树势、部位、管理水平等有关。为避开初夏高温干旱天气，防止日烧病，可以适当推迟套袋时间，或套袋前全园浇一遍水，提高墒情；加强土肥水管理，增强树体生长势；背上枝的果实不套，弱树不套。

表4-4　　套袋时期对金帅果锈的影响

果锈分级	果锈率（%）				
	5月4日	5月8日	5月12日	5月16日	CK（未套袋）
0级	96.6	61.5	13.36	2.29	0
1级	3.4	38.5	49.09	25.71	30.3
2级	0	0	19.39	36.57	29.92
3级	0	0	14.55	29.14	33.71
4级	0	0	0.61	6.29	6.06
果锈指数	0.85%	9.62%	33.48%	52.86%	53.88%

2. 梨套袋时期

梨果点主要是由幼果期的气孔发育而来的，幼果茸毛脱落部位也形成果点。梨幼果跟叶片一样存在着气孔，能随环境条件（内部的和外部的）的变化而开闭。随着幼果的发育，气孔的保卫细胞破裂，形成孔洞。与此同时，孔洞内的细胞迅速分裂，形成大量薄壁细胞填充孔洞，逐渐木栓化并突出果面，形成果点。一般气孔皮孔化从谢花后10～15天开始，最长可达花后80～100天，以花后10～15天后的幼果期最为集中。因此，要想抑制果点发展，获得外观美丽的果实，套袋时期应早一些，一般从落花后10～20天开始套袋，在10天内套完。如果落花后25～30天才套袋保护果实，此时气孔大部分已木栓化变褐，形成果点，达不到套袋的预期效果（表4-5）。如果套袋过早，纸袋的遮光性过强，则幼果角质层、表皮层发育不良，光泽度降低，果个变小。果实发育后期果个增长过快，会造成表皮龟裂，形成变褐木栓层。

表4-5　　鸭梨不同时期的套袋效果

落花后天数	果点	果锈	采后30天果面颜色
10	浅、小	浅	黄白
25	浅、稍大	浅	略黄
35	较浅、稍大	较浅	鲜黄
50	较深、较大	较浅	鲜黄
65	深、大	深	黄
不套袋	极深、最大	极深	深黄

由于外部不良环境条件刺激，造成表皮细胞老化坏死；或内部生理原因造成表皮与果肉增大不一致，而致表皮破损。表皮下的薄壁细胞经过细胞壁加厚和栓化后，在角质、蜡质及表皮层破裂处露出果面，成为锈斑。梨锈斑产生都在盛花后4周以内，在谢花后的3周内果面未形成斑点前，结合疏果套好第一次小袋，是解决锈斑的关键措施。一般套大袋的最佳时间在套小袋后的40天左右，即梨完成第一次生理落果后，一般山东胶东地区在6月20日前。褐皮梨品种只套一次双层袋，时间在6月下旬。

表4-6　梨不同品种果实斑点发展过程

调查日期（日/月）	绿皮梨品种	褐皮梨品种	中间色品种
1/5	不形成斑点	不形成斑点	不形成斑点
10/5	不形成斑点	果点多数斑点化	果点少数斑点化
23/5	果点稍微斑点化	90%～100%斑点化	30%斑点化
2/6	10%～30%果点斑点化	果点间斑点化增多	50%～90%斑点化
17/6	大部分果点斑点化	果点间80%斑点化	果点间部分斑点化
27/6	大部分果点斑点化	果点间全部斑点化	果点间50%斑点化

梨不同品种果点和锈斑的发育时期不同，因此，套袋时期应有区别。果点大而密、颜色深的锦丰梨、茌梨，落花后1周即可套袋，落花后15天套完。为有效防止果实轮纹病的发生，西洋梨的套袋也应尽早，一般从落花后10～15天即可套袋。黄金梨等绿皮梨品种，应在盛花后

30天以内，即谢花后10～20天果面未形成斑点时，结合第二次疏果套好小袋；第二次套大袋，应在第一次套小袋后40～50天进行，或在6月5日至6月20日期间只套一次双层纸袋。京白梨、南果梨、库尔勒香梨、早酥梨等果点小、颜色淡的品种，套袋时期可晚一些。

3. 桃套袋时期

在疏果（定果）后、生理落果基本停止和当地主要蛀果害虫蛀果以前进行套袋。在病虫发生早的地区，易感病的品种、无生理落果的品种或早熟品种套袋要早，可在花后30天后开始套袋；生理落果迟或严重的品种要晚套，可在花后50～60天开始套袋。

4. 葡萄套袋时期

一般在果实坐果稳定、整穗及疏粒结束后立即套袋，要尽可能早，赶在雨季来临前结束，以防止早期病害侵染及日烧。如果套袋过晚，果粒生长进入着色期，糖分开始积累，不仅病菌极易侵染，而且会发生日烧病和虫害。另外，套袋要避开雨后的高温天气。如果在阴雨连绵后突然晴天时立即套袋，会使日烧病加重，因此，要经过2～3天果实稍微适应高温环境后再套袋。

（五）摘袋时期

富士系品种宜在采收前30天左右摘袋，摘袋过早果

实色泽晦暗，过迟色泽浅而且易褪色；新红星等元帅系品种宜在采收前15～20天摘袋，金帅、部分梨品种无需摘袋，对绿色葡萄品种一般也不需摘袋；使用透光度高的纸袋，同样也不需除袋，对延迟采收的品种（如红地球）也可不去袋；红色品种可在采收前7～10天摘袋。在温差大的果产区，除袋时期应适当推迟。摘袋前3～5天，双层袋先去掉外袋，单层袋先打开袋底部或将纸袋撕成碎片，放风3～5天后再全部除掉，以防发生日烧病。

1. 苹果摘袋时期

不同苹果品种、不同立地、气候条件，摘袋的时期也有所差异。

红色品种如新红星、新乔纳金，在海洋性气候、内陆果区，一般于采收前15～20天摘袋（表4–7）；在冷凉或温差大的地区，采收前10～15天摘袋比较适宜；在套袋防止果色过浓的地区，可在采收前5～7天摘袋。

较难上色的红色品种红富士、乔纳金等，在海洋性气候、内陆果区，采收前30天摘袋；在冷凉地区或温差大的地区，采收前20～25天摘袋为宜。

黄绿色品种，在采收时连同纸袋一起摘下，或在采收前5～7天摘袋。

表 4–7　摘袋时期对新红星、短枝红富士果实品质的影响

品种	采前摘袋时期	单果重（克）	果形指数（L/D）	着色指数（%）	鲜艳果率（%）	好果率（%）	果肉硬度（千克/厘米²）	可溶性固形物（%）	总糖（%）	可滴定酸（%）	淀粉（%）
新红星	30天	298.3	1.11	73.0	15.0	94.7	5.27	10.87	9.23	0.199	0.278
	20天	309.0	1.12	84.7	91.9	100.0	5.27	10.68	9.17	0.205	0.284
	10天	306.0	1.10	88.5	78.3	100.0	5.22	10.49	9.08	0.200	0.291
	CK	297.6	1.09	73.3	19.0	88.0	5.48	11.28	9.43	0.197	0.235
短枝红富士	40天	244	0.88	90.0	80.0	100.0	6.31	13.55	12.26	0.313	/
	30天	229	0.87	96.3	95.0	100.0	6.13	13.25	11.39	0.328	/
	20天	229	0.86	95.0	100.0	100.0	6.21	13.25	11.58	0.333	/
	CK	225	0.85	78.0	40.0	85.0	6.38	14.3	12.18	0.326	/

另外，不同季节的日照强度和长度不一样，苹果摘袋时期也有差异。日照强度大、时间长和晴天多的地区或季节，摘袋时间可距采收期近一些；反之，则应尽早除袋，最好选择阴天或多云天气摘袋。若在晴天摘袋，为使果实由暗光逐步过渡至散射光，10～12时先去除树冠东部和北部的果实袋，14～16时再去除树冠西部、南部的果实袋，这样可减少因果面温度剧变而引起日烧。

2. 梨摘袋时期

梨套袋含糖量有所下降，采前除袋能在一定程度上增加果实的含糖量，但效果不明显，而对于果点和果色却有明显影响（表4-8）。因此，对于在果实成熟期不需着色的梨品种应带袋采收，等到分级时再除袋。因套袋梨果皮比较细嫩，带袋采收可防止果实失水、碰伤果皮或污染果面。

表4-8　不同摘袋时期对鸭梨品质的影响

除袋期	套袋天数	可溶性固形物（%）	单果重（克）	硬度（千克/厘米^2）	果点指数	果色指数
采前不除袋	118	11.92	199.16	6.02	0.18	0.19
采前20天	98	12.04	217.09	5.96	0.29	0.32
采前30天	88	11.39	194.17	5.91	0.31	0.35

注：果点、果色各分为5级。

对于在果实成熟期需要着色的梨品种，如红皮梨及褐皮梨，应在采收前20～30天摘袋。其余梨品种，可在采收前15～20天除袋。有些梨品种可不除袋，带袋采收。

3. 桃摘袋时期

桃由于纸袋不同、品种不同，摘袋时期和方法有所不同。加工和能够在袋内着色的品种，多采用半透明白色或黄色袋。采收前不必摘袋，采收时连同纸袋一同摘下，装箱时除掉。袋内不着色或着色困难的品种如白桃，多使用遮光单、双层袋，采前10～15天摘袋；着色程度中等的品种如白凤、川中岛白桃，采前7～10天摘袋；着色容易的品种如川中岛、白凤、大久保，采前4～5天摘袋。日照差的地区、难上色品种可早些摘袋，采前1个月开始去外袋，采前3～5天后摘除内袋。一天中适宜摘袋时间为9～11时、15～17时。上午摘除南侧的纸袋，一定要避开中午日照最强的时间，以免日烧病。

4. 葡萄摘袋时期

葡萄套袋后可以不去袋，带袋采收，也可以在采收前10天左右去袋，应根据品种、果穗着色情况以及纸袋种类而定。红色品种因其着色程度随光照强度的减小而显著降低，可在采收前10天左右去袋，以增加果实受光，促进着色良好。

双层袋摘除时，先去掉外层袋，5～7天后再摘除内层袋。摘除内层袋，应在10～14时进行，而不宜选在早晨或傍晚。日烧病并非是因日光的直射，而是果皮表面温度的变化所造成的。选在中午摘除内层袋，此时果皮表面的

温度与大气温度几乎相等或略高于大气温度，因而不至于产生较大的温差，可以避免日烧病。此外，若遇连阴雨天气，摘除内层袋的时间应推迟，以免摘袋后果皮表面再形成叶绿素。摘除单层袋时，先打开袋底放风或将纸袋撕成长条，3～5天后再全部摘除。

5. 摘袋后的管理

套袋效果与除袋后的管理密切相关。纸袋摘除后，对需促进着色的树种、品种，采取摘叶、转果、铺反光膜等措施，以提高套袋效果。不采取这几项措施，套袋就达不到预期目的。摘叶就是将影响果实光照的叶片除掉，一般苹果可摘除全树叶片总数的20%～30%，摘叶过多会影响翌年产量及品质；转果就是将果实旋转180°，使果实阴面充分见光，以提高全红果率；铺反光膜是为了将太阳直射光反射到树冠内，使果实萼部、树冠北部或树冠下部的果实见光，从而获得全红果。

果实摘袋后不要喷波尔多液，以免污染果面。及时清除果园中的病虫果，树上喷施1～2次70%甲基托布津1 000倍液，防止烂果。采收前不要喷施高残留农药。

梨树落叶后应喷一遍杀虫剂，特别是梨木虱危害重的梨园。此时梨木虱虫态一致，活动性差且虫体暴露，同时树体抗性增强，可加大用药浓度。喷药时力求细致，树体和地面都要喷到，树体应喷至淋洗状态。采用40%水胺硫磷乳油1 000倍液、20%灭扫利乳油1 500倍液、25%敌杀死乳油1 500～2 000倍液、5%来福灵乳油1 000～1 500倍液等。

休眠期的病虫害防治，要搞好清园工作，消灭越冬病虫源，压低病虫基数。清理地面废弃果袋、落果、枯枝败叶、杂草等。结合冬剪，剪除病虫枝、枯死枝、僵果、虫果、病果等，带出梨园集中烧毁或结合施基肥深埋。土壤封冻前梨园浅刨，把越冬害虫翻出土壤冻死或让鸟啄食。有条件的梨园结合严冬灌水消灭在土缝中越冬的病虫，尤其是梨木虱越冬代成虫。早春以地膜覆盖树盘，阻止地下害虫出土和土壤中的病原菌上树，也可在树干上缠草绳诱虫，然后解下集中烧掉。

（六）促进果实着色

套袋苹果的着色管理，是指摘袋后所采取的一系列促进着色的技术措施，主要有摘叶、转果和铺反光膜等。

1. 摘叶

摘叶是用剪子将叶片剪除，仅留叶柄即可，目的主要是为了摘除影响果实受光的叶片，增加果面受光面积。据试验表明，当树冠上部的摘叶程度为19%～59%，树冠下部的摘叶程度为34%～78%时，对富士果实的发育没有不良影响；树冠下部和下部北侧的果实，糖含量以摘叶的稍高。果实的花青苷含量，若以常规10月中旬摘叶为100，

无论树冠上部的果实，还是树冠下部的果实，都以9月摘叶的较好，9月摘叶对翌年开花无不良影响。摘叶方法是：9月上旬开始对红星摘叶，红星摘叶完后，紧接着对富士摘叶，完成60%～70%叶面积；10月上旬红星、金冠采果结束后，摘除富士剩下的30%～40%叶面积。摘叶，以摘除果台基部叶为主（表4-9），也应适当摘除果实附近新梢基部到中部的叶片，以增加果实的直接光照程度，有效促进果实着色。

表4-9　　摘叶对富士苹果品质的影响

处理	果周增加量（毫米）	糖度（%）	蜜病发生率（%）	果实着色	开花率（%）
全摘叶	0.74	13.6	0	3.0	25.0
摘新梢叶	3.60	14.5	31.0	3.0	58.4
摘果台叶	6.85	14.9	77.0	4.0	65.1
无处理	7.40	14.9	86.0	4.0	66.6

注：果周为10月13日～11月4日，摘叶处理为10月3日～10月12日。

据日本对红星摘叶试验证明（表4-10），9月初摘叶不影响翌年开花率。另据笔者研究，红富士摘叶30%时，不影响果实含糖量，却增加全红果率（表4-11）。摘叶30%不是一次摘除的，虽然第1次摘叶是在9月下旬，但摘叶量极少，仅摘除直接影响果面的叶片；第二、三次摘叶尽管摘叶量大，但10月气温逐渐下降，叶片光合作用逐渐减退，对树体贮藏营养的积累影响不大。

表4-10 红星摘叶时期、摘叶程度对果实和花芽形成的影响

处理	果实的有无	果实大小			翌年开花率(%)		
		7月	8月	9月	7月	8月	9月
全摘叶	有	70	67	65	0	0	22
	无	/	/	/	0	0	22
摘新梢叶	有	89	91	86	1	5	83
	无	/	/	/	16	31	84
摘果台叶	有	91	91	100	5	4	62
	无	/	/	/	53	11	55
无处理	有	100	/	/	47	/	/
	无	/	/	/	45	/	/

注：果实大小是以不处理区的果实大小作为100时的比值。

表4-11 红富士摘叶对果实品质的影响

处理	单果重（克）	果形指数（L/D）	可溶性固形物（%）	果肉硬度（千克/厘米^2）	着色指数（%）
摘除20%叶片	202.1	0.877	13.9	7.01	95.75
摘除30%叶片	199.8	0.866	14.0	6.95	100.00
摘除50%叶片	196.8	0.852	13.6	6.80	100.00
对照	203.3	0.862	14.0	7.35	89.50

注：选用国产双层袋，6月14日套袋，10月24日采收。

2. 转果

转果的目的，是使果实阴面也能获得阳光直射，而使全果面着色。除袋后1周左右转果一次，共转2～3次；对于下垂果，因为没有可使果实固定的部位，可用透明胶带连接在附近合适枝上固定住。转果时切勿用力过猛，以免扭落果实。

3. 铺反光膜

反光膜是指涂上银粉，具有反光作用的塑料膜。铺反光膜主要是使果实萼洼部位和树冠下部及树冠北部的果实也能受光，从而增加全红果率（表4-12、表4-13）。据研究，铺反光膜明显增强了冠内下部的光照强度，平均反射光照强度比对照增大4倍多。反光膜从内袋摘除后即开始铺设。铺设反光膜之前进行第一次摘叶，并疏除徒长枝等，以增加光照。铺设方法是顺行间方向整平树盘，在树盘的中外部铺设两幅，膜外缘与树冠外缘对齐，再用装满土沙、石块或砖块的塑料袋压实，防止被风卷起和刮破，每亩铺设反光膜350～400米^2。

表4-12　反光膜对套袋红富士苹果的增色效果

处理	着色面积（%）			着色指数（%）
	30% 以下	31%～75%	76% 以上	
反光膜	0	3.9	96.1	98.1
对照	2.3	8.4	89.3	81.4

表4-13　反光幕对红富士苹果的增色效果

处理		全红果（%）	着色2/3以上（%）	着色2/3～1/3（%）	着色1/3以下（%）	着色指数（%）
套袋	反光幕	76.4	19.6	4	0	93.1
	CK	36.2	49.8	8.5	5.5	79.2
不套袋	反光幕	36.3	44.2	11.4	7.1	76.9
	CK	11.6	30.4	33.5	21.5	56.5

（七）提高套袋果实含糖量的措施

据大量国内外试验资料表明，果实套袋后，可溶性固形物下降0.5%～1.0%，含糖量下降。如何解决或减轻含糖量下降，是栽培者所关心的。

1. 环境因子的调控

水分对果实发育及品质的影响具有双重性。土壤水分不足常降低果实的产量，但在果树生长的特定时期，适当控水常可以提高果实的品质。水分胁迫影响梨果实糖分的积累，果实发育后期水分胁迫影响可溶性固形物含量；早期水分胁迫会导致果实中葡萄糖、蔗糖和山梨醇含量下降。

果实品质与叶片制造和供给的碳水化合物有直接关系。如不同浓度的CO_2会影响温室内丰水梨的品质，长时间供应充足的CO_2可增加果实大小和重量，但对果实品质无显著的影响；短时间供应充足的CO_2虽不能明显改变果实的大小，但含糖量增加。在果实膨大期充足的CO_2可增大果个，在果实成熟期果实膨大减缓，CO_2可增加含糖量。不同的气候环境条件，会影响梨的含糖量和成分组成。

光照是果树正常生长发育和结果的主要生态因子，充足的光照可有效改善树体营养状况，增强树体生理活力，提高果实产量和质量。如砀山酥梨成熟时，果实可溶性糖含量与光强呈显著正相关。

选用高光效树形，是生产高品质果实的必要条件。不

同的树形对果实糖分积累与酶活性也有影响，含糖量、SS和SPS活性均以平棚形果实最高，“V”字形次之，疏散分层形最低。对丰水梨采取水平台阶式整形修剪，冠层开度、树冠下散射光的光量子通量密度、平均叶倾角均显著高于疏散分层形，而叶面积系数则低于疏散分层型；可溶性固形物、总糖、糖酸比值，分别比疏散层高20.2%、18.7%和29.8%。另外，棚架形栽培的丰水梨平均叶倾角，冠层开度，冠下直射、散射及总光合光量子通量密度显著高于疏散分层形，而叶面积系数极显著低于疏散分层形。棚架形树冠不同部位果实品质的一致性，优于疏散分层形。冠层开度大，光照好，结果枝条粗壮，是棚架果实品质优的主要原因。

2. 栽培措施的调控

（1）培肥地力，增施叶面肥：套袋果园的肥水管理有别于无袋栽培，尤其是肥料的施用。由于果实套袋后含糖量下降，在增加有机肥料、减少氮肥的同时，应增加磷、钾肥的施用量。氮是植物生长发育最重要的营养元素之一，对器官构建、生理代谢过程具有重要作用。氮肥不仅会影响产量，还会显著影响果实品质。

如苹果施肥标准，应根据肥料的有效成分折算施肥量。亩产2 500千克以上的苹果园，有机肥要达到“斤果斤肥”的标准，即每生产100千克苹果需施纯N 1.0千克、P_2O_5 0.5千克、K_2O 1.2千克。

基肥的施用量占全年的60%～70%，是套袋苹果树最重要的营养来源。基肥以有机肥为主，需经过腐熟分解。秋季气温稍高，施肥时切伤的根系容易恢复，易增加部分树体营养，翌年春根系能很好的吸收利用。一般中熟品种如元帅系、金帅等，采收后即可施有机肥。晚熟品种如红富士等，宜在秋末、封冻前施完有机肥。在秋施基肥的同时，多施入磷肥、钾肥和钙镁肥等，以确保套袋果品质的提高。据王少敏等试验表明，长富2品种每株施不同量复合肥（N∶P∶K=12∶12∶17），对果实可溶性固形物含量具有不同影响。施多量肥（804克）和中量肥（644克＋微肥）的套袋果，与未套袋果可溶性固形物含量差异不显著，而施低量肥（480克）差异较显著，其次为中量肥不加微肥（表5-1）。

表5-1 不同复合肥用量对长富2果实品质的影响

处理	处理	硬度（千克/厘米^2）	可溶性固形物（%）
高量肥（804克）	套袋	17.58 a	15.5 a
	未套袋	6.90 b	15.3 a
中量肥（644克）	套袋	7.65 ab	15.5 ab
	未套袋	8.01 a	16.2 a
中量肥（644克＋微肥）	套袋	8.15 a	15.5 a
	未套袋	7.74 ab	15.6 a
低量肥（480克）	套袋	6.84 a	14.0 b
	未套袋	6.62 ab	15.2 a

喷施叶面肥也可调控果实糖分的积累，从而提高果实品质。黄冠施用腐殖酸钾后，果实总糖、葡萄糖和果糖含量增加，但蔗糖含量下降；满天红喷施氨基酸液肥后，果实可溶性固形物含量显著高于对照。不同浓度的菌糠黄腐酸均可显著提高苹果、梨可溶性固形物含量，使苹果、梨的品质提高。适量施氮肥能提高丰水梨可溶性总糖的含量，而过量施氮肥会降低果糖和葡萄糖含量，从而降低可溶性糖总糖含量。

生长季节和采收前叶面喷施微肥，可不同程度提高果实的含糖量。据笔者研究，用苹果膨大着色药肥和稀土分别喷2～3遍，可增加果实的含糖量（表5-2）。

表5-2 叶面喷微肥对套袋短枝红富士苹果含糖量的影响

处理	单果重（克）	果形指数（L/D）	着色指数（%）	果肉硬度（千克/厘米^2）	可溶性固形物（%）	总糖（%）	可滴定酸（%）
药肥（200倍）	206.1	0.84	95.0	6.63	14.00	13.27	0.29
稀土（500×10^{-6}）	202.1	0.84	90.0	6.36	14.33	13.21	0.28
稀土（$1\,000\times10^{-6}$）	209.7	0.83	95.0	6.37	14.30	13.71	0.25
CK	193.0	0.82	89.0	6.37	12.97	12.37	0.23

（2）果园生草：果园种植绿肥作物，有利于改良土壤，

调节土温，增加土壤有机质，提高果实的品质。美国、日本等在果树行间种植绿肥，一般土壤有机质含量在2.5%以上。

绿肥大部分为豆科植物，含有氮、磷、钾等多种养分和有机质（表5-3）。据红富士、金帅园片种植毛叶苕子试验，压青果园与对照园相比，夏季地表温度压青园为30.3℃，对照园为36.3℃，春季土壤水分比对照园提高1.9%~6.0%，有机质含量提高0.28%。连续5年种植绿肥压青的盛果期红富士果园，绿肥区全糖、总酸分别为11.09%和0.38%，对照区为10.52%和0.39%。

表5-3　主要绿肥植物鲜草养分含量

绿肥种类	养分含量			每500千克鲜草相当比肥量（千克）		
	N	P_2O_5	K_2O	硫酸铵	过磷酸钙	硫酸钾
毛叶苕子	0.56	0.13	0.43	14.0	3.6	4.3
苜蓿	0.56	0.18	0.31	14.0	5.0	3.6
紫穗槐	1.32	0.30	0.79	33.0	8.5	7.5
田菁	0.52	0.07	0.15	13.0	2.0	1.5
柽麻	0.44	0.15	0.30	11.0	4.1	3.0
草木樨	0.52	0.04	0.19	13.0	1.1	2.0

（3）果园覆盖：覆草有利于表层根的产生，对于土层浅薄的果园尤为重要。覆草即把农作物秸秆、杂草、树叶

等盖在地面上，厚度为15～20厘米。覆草后土壤温度平稳，并且有保水、透气，防止杂草丛生，不用耕锄等作用。覆草腐烂后不断释放出养分，对于提高土壤有机质含量，促进土壤团粒结构的形成，具有显著效果。草源充足时可全园覆草，草源缺乏时可在树盘内覆草。但是，覆草也给果园虫害提供了良好的越冬场所，应加强病虫害防治。

（4）起垄栽培：对于地下水位过高，排水通气不良，容易积涝的果园可采用“起垄栽培”。在定植前根据栽植的行距起垄，垄背与垄沟间的高度差约为20厘米。果树栽植在垄背上，行间为垄沟，实行行间排水。起垄栽培的优点是有利于排水，果园通气性好，可防止积涝现象。

（5）适期采收：采收期也影响果实中糖含量，根据运输、贮藏和消费市场要求适期采收。过早采收，即在果实脱袋5～7天采收，会造成套袋红富士苹果口味淡、香气不足，可溶性固形物含量仅12%～14%，以浅红和粉红色为主，着色不正，果实达不到品种应有的标准，贮藏期苦痘病、黄皮、退色严重；采收过晚，果实过熟发绵，不耐贮藏和运输。

据研究，在鲁中果区，新红星盛花后135～140天、富士盛花后180～185天采收为宜，套袋果含糖量降低较少，差异不显著（表5-4、表5-5）。

表5-4 不同采收期对套袋新红星苹果品质的影响

采收期（日/月）	单果重（克）	果形指数（L/D）	果肉硬度（千克/厘米²）	可溶性固形物（%）
5/9	278.7	0.98	6.51	11.03
10/9	271.2	0.97	6.95	11.20
15/9	298.0	0.99	5.73	12.17

表5-5 不同采收期对套袋红富士苹果品质的影响

采收日期	处理	单果重（克）	果形指数（L/D）	可溶性固形物（%）	果肉硬度（千克/厘米²）
10月22日	套袋	202.1	0.871	14.8	7.35
	不套袋	195.4	0.877	14.7	7.40
10月29日	套袋	211.2	0.897	14.7	6.81
	不套袋	198.8	0.868	15.6	6.66

不同采收期对南果梨果实的糖含量存在影响，花后137天采收果实的蔗糖和果糖含量显著高于花后131天前采收的果实，花后131天前采收的果实蔗糖和果糖含量差异不显著；花后131天采收的果实葡萄糖含量最高，显著高于花后121天采收的果实，与花后137天采收的果实相比差异不显著；不同采收期的果实山梨醇含量差异不显著；花后137天采收的果实总糖含量显著高于花后126天前采收的果实，但与花后131天采收的果实相比差异不显著。

五 果园土肥水管理

（一）果园土壤管理

1. 土壤改良

土壤深翻有利于微生物的活动，加速肥效的发挥，打破土壤障碍层，扩大根系的分布范围，对于山岭薄地、有黏板层的黏土地及盐碱地尤为重要。

（1）深翻时期：一般果园深翻四季均可，通常在果实采收后，结合秋施基肥深翻。此时树体地上部分生长缓慢或基本停止，养分开始回流和积累，又值根系再次生长高峰，根系伤口愈合快，易发新根；深翻结合灌水，使土粒与根系迅速密接，有利于根系生长。但在干旱无浇水条件的地区，根系易受旱、冻害，地上枝芽易枯干，此种情况不宜进行秋季深翻。

土壤解冻后及早进行春季深翻，此时地上部分尚处休眠状态，而根系刚开始活动，深翻后伤根易愈合和再生。

从土壤水分季节变化来看，春季化冻后，土壤水分向上移动，土质疏松，操作省力。我国北方多春旱，深翻后需及时浇水，早春多风地区蒸发量大，深翻过程中应及时覆土，保护根系。风大干旱和寒冷地区，不宜春季深翻。

（2）深翻深度：深翻深度比果树根系集中分布层稍深为宜，一般在60～90厘米，尽量不伤根或少伤根，特别是1厘米以上的大根。因为梨树根系稀疏，伤大根后恢复较慢。

（3）深翻方法：以栽植穴为中心，每年或隔年向外深翻扩大栽植穴，直到全园株行间全部翻遍为止。这种方法在山地、平地都可采用，果园面积比较大、劳力少的情况比较适用，多在幼树期使用；隔1行深翻1行，分两次完成，每次只伤一侧根系，对果树影响较小。这种方法适用于初结果的梨园；自定植穴边缘起，逐年以相对两面轮流向外扩展深翻，直至全园翻完，伤根少，对果树影响小；对栽植穴以外的土壤一次深翻完毕。全园深翻范围大，只伤1次根。这种方法有利于平整园地和耕作。

2. 果园覆盖栽培

果园覆盖栽培，是指在果园地表人工覆盖天然有机物或化学合成物，分为生物覆盖和化学覆盖。生物覆盖材料包括作物秸秆、杂草或其他植物残体。化学覆盖材料包括聚乙烯农用地膜、可降解地膜、有色膜、反光膜等化学合成材料。果园覆盖栽培具有降低管理成本，提高土壤含水量，节省灌溉开支，增加产量等优点。另外，秸秆覆盖不

需中耕除草，既可保持良好且稳定的土壤团粒结构，又可节省劳力。果园覆盖能够改善土壤的通透性，使土质松软，减少土壤内盐碱上升。连续覆盖3～4年，活土层可增加10厘米左右，还可增加土壤的有机质含量。

（1）覆草：覆草前先浇足水，按10～15千克/亩施用尿素，以满足微生物分解有机质时对氮的需要。覆草以春、夏季最好。春季覆草有利于果树整个生育期的生长发育，又可在果树发芽前结合施肥、春灌等农事活动一并进行，省工省时。在麦收后，利用丰富的麦秸、麦糠进行覆盖。不宜进行间作的成龄果园，可采取全园覆草，即果园内裸露土地全部覆草，用草1 500千克/亩。幼龄梨园以树盘覆草为宜，用草1 000千克/亩。覆草厚度为10～20厘米。果园覆草应连年进行，每年均需补充一些新草，以保持原有厚度。三四年后可在冬季深翻一次，深度15厘米，将已腐烂的杂草翻入土内，然后覆盖新鲜杂草。

（2）覆膜：覆膜前先追足肥料，地面整细、整平。在干旱、寒冷、多风地区，以早春土壤解冻后覆膜为宜。

幼树采用“带状覆膜”，顺树行两边相距65厘米处各开一条10厘米浅沟，再覆膜。成龄树采取“双带状覆膜”。在树干周围1/2处用刀划10～20个分布均匀的切口，用土封口，以利于降水从切口渗入树盘。两树间压一小土棱，树干基部留一定空隙，用土压实。夏季高温时，在地膜上覆盖一些草秸等，防止根际土温过高，以不超过30℃为宜。

3. 果园生草

果园生草适宜在年降雨量500毫米，最好800毫米以上的地区，或有良好灌溉条件的地区采用。在稀植园和幼树期，可进行生草栽培；高密度果园不宜进行生草，而适宜覆草。果园生草有人工种植和自然生草两种方式，可进行全园生草、行间生草。土层深厚肥沃、根系分布较深的梨园，宜采用全园生草；土壤贫瘠、土层浅薄的果园，宜采用行间生草。

果园生草主要标准是适应性强，耐阴，生长快，产草量大，耗水量较少；植株矮小，根系浅，能吸收和固定果树不易吸收的营养物质；草地面覆盖时间长，与果树无共同的病虫害，对果树无不良影响；能引诱天敌，生育期比较短。以鼠茅草、黑麦草、白三叶草、紫花苜蓿等为好，还有百脉根、百喜草、草木樨、毛苕子、扁茎黄芪、小冠花、鸭绒草、早熟禾、羊胡子草、野燕麦等。

播种前细致整地，清除园内杂草，亩撒施磷肥50千克，翻耕土壤深度20～25厘米。翻后整平地面，灌水补墒。为减少杂草的干扰，最好在播种前半个月灌水1次，诱发杂草种子萌发出土，除去杂草后再播种。

春、夏、秋季播种均可，多为春、秋季播种。春播一般在3月中下旬至4月，气温稳定在15℃以上时进行。秋季播种一般在9月中、下旬，最好在雨后或灌溉后趁墒进行。秋播可避开果园野生杂草的影响，减少剔除杂草的繁

重劳动。白三叶草、多年生黑麦草，春、秋季均可播种；放牧型苜蓿春、夏、秋季均可播种；百喜草只能在春季播种。

草种用量，白三叶、紫花苜蓿、田菁等为0.5～1.5千克/亩，黑麦草为2～3千克/亩。根据土壤墒情适当调整用种量，一般土壤墒情好，播种量宜小；土坡墒情差，播种量宜大些。

播种方式有条播和撒播。条播，即开0.5～1.5厘米深的沟，将过筛细土与种子按2∶1～3∶1混合均匀，撒入沟内，然后覆土。遇土壤板结时及时划锄破土，以利出苗。7～10天即可出苗。行距以15～30厘米为宜。土质好，土壤肥沃，又有水浇条件，行距可适当放宽；土壤瘠薄，行距要适当缩小，同时播种宜浅不宜深。出苗后应及时清除杂草。

自然生草是把梨园里自然长出的有益草保留，其他杂草除掉，是一种省时省力的生草法。

（二）果园科学施肥

优质丰产果园的土壤有机质含量应在2%以上。果树根系从土壤中吸收各种营养元素，自然条件下土壤中营养元素往往不足（特别是氮素营养），因此，施肥是提高土壤肥力状况，改善土壤结构的重要手段，是套袋苹果园地下管理的核心内容，是果树壮树、丰产、优质的关键措施。根据土壤中各种营养元素的丰缺状况和果树的需肥规律合理施肥。以有机肥料为主，努力做到配方施肥，发挥施肥壮树、丰产、优质的最大效果。一般由施肥指导中心，对不同地块、不同品种的果园进行土壤和树体营养诊断，从而确定施肥方案。

1. 果树的需肥规律

苹果树需肥量较大，而且是多年生，土壤中往往各种微量元素匮乏，造成缺素症，要特别注意施用微量元素肥料。

氮素肥料在土壤中最匮乏，施用量最大。树体氮素营养充足，则叶片浓绿肥厚、光合效能高，制造的碳水化合物也多。对于幼树，应特别注重氮肥的合理施用，以加速树体生长，为成花结果打好基础。但是，氮素过多则造成树体徒长，营养生长过旺，组织不充实，成花结果晚，抗寒力下降；氮素偏少则树体生长缓慢，叶片黄化，植株矮小，抗病力下降。在果树生长年周期中，前期的萌芽、展叶、开花、坐果、抽枝均需要大量的氮素营养，与树体内的碳水化合物形成蛋白质，进而形成各类“树体器官”，因此，果树生长前期的“器官建造期”是果树的“氮素营养临界期”。此期缺氮，会严重削弱树体生长，造成大量落花落果。果树各类器官长成后，叶片光合效能开始升高，制造大量的碳水化合物以充实器官，是果树的“碳素营养临界期”。此期应减少氮素肥料的施用量，多施磷肥、钾肥（尤其是果实着色期），以利于组织充实和果实品质的提高。苹果树采果以后，由于光合效能急剧下降，因此，

应适当补充氮素肥料，迅速恢复叶功能，进一步充实花芽，提高树体贮藏营养的水平。同时施入土壤中的氮素也可贮存在果树的根、枝、干中，以备翌年生长之所需。因此，氮素肥料的施用应在果树的器官成长期，做到“前促后控”。氮素与叶片的光合作用关系密切，氮素不足则叶片光合能力下降，更谈不上长树、成花、结果、优质，因此，应特别重视氮肥的施用，做到“看碳施氮”，即树体生长衰弱时应多施氮肥，树体生长过旺时则减少氮素化肥的用量，最后达到“以氮增碳”的目的。

果实套袋后含糖量有所下降，易发生缺素症，如套袋苹果易发生缺钙症。套袋果园的施肥量要高于无袋栽培果园，同时要加大微量元素肥料的施用量。做到配方施肥，相应减少氮素化肥用量，增加磷、钾肥用量，苹果和梨的氮肥、磷肥、钾肥比例以1∶0.5∶1为好。葡萄对氮肥、磷肥、钾肥需求的比例为1∶0.5∶1.2。桃树对氮肥、钾肥的需求量大，对磷肥的需要量较少。每生产1千克鲜果，需氮1.52克、磷0.79克、钾3.64克。桃树对氮素较敏感。氮素不足，表现为新梢生长量小，枝条细而短，叶片薄、色淡，影响花芽分化，同时坐果率低、果实个小。氮素过多易引起枝梢徒长且花芽不易形成，结果延迟，生理落果加重，果实风味变淡、色差，因此，施用氮肥要适量。桃树需磷量相对较少，但也很重要，缺磷时果实晦暗，肉质松软、味酸，有时有斑点或裂皮。桃树需钾量较多。幼果期钾肥的作用十分明显，桃果实钾的含量为氮的2.3倍，说明桃树在结果阶段需大量钾肥。缺钾主要表现在果实大小上。在一年中，桃树从硬核期开始，对氮、磷、钾的吸收量迅速增加，大约到采收前20天达最高峰。在这段时期磷、钾的吸收量增长较快，尤其是钾。

套袋果园的施肥可分基肥、追肥和叶面喷肥3种，每次施肥的种类、数量有所侧重。

2. 秋施基肥

(1)肥料的种类：果园常用的肥料包括有机肥料和无机肥料两大类。有机肥料包括各种圈肥、禽肥、人粪尿、饼肥、堆肥、绿肥等。有机肥为全素肥料，不仅含有氮、磷、钾三大类营养元素，而且含有铁、锰、硼、锌等多种微量元素，肥效发挥较慢，能源源不断的分解，把各种营养元素释放到土壤中供果树吸收利用，为缓效肥，一般作基肥用。有机肥分解过程中还释放出CO_2气体肥料，提高叶片的光合效能。有机肥施入土壤后能促进微生物的活动，增加土壤有机质含量，有利于土壤团粒结构的形成，起到用地养地两不误的效果。同时有机肥不含有对人体有害的化学物质，可谓“无公害”肥料。因此，套袋苹果园施肥应以有机肥为主，尽量少用或不用化肥。

无机肥料主要指各种化肥。

(2)施肥量：基肥以有机肥为主，配合施入速效性化肥。有机肥和磷肥可一次性施入；速效性氮肥施入全年施用量的50%～60%；速效钾肥易淋失，可留作追肥用；缺

铁、缺锌的果园，铁肥和锌肥可在施基肥时一次施入。如苹果树定植时，每株应施基肥20～25千克，定植后每年施一次基肥。果树1～2年生时每亩施2吨优质有机肥，果树3～4年生时每亩施3吨左右，进入盛果期后应加大基肥施用量，按“0.5千克果1～1.5千克肥”的标准施入优质有机肥。施基肥的时间应在早秋，即中熟品种如元帅系在采果后立即施入，晚熟品种如红富士可带果施入基肥。

（3）施肥时间：早秋施基肥正值果树根系生长旺期，因此，在果树断根部位会促发大量新根（主要是吸收根）。翌年春季秋根可直接萌生出春根，发生早、根量大，对早春的萌芽、展叶、开花、坐果、抽枝十分有利。春梢生长加快，早长早停，避免秋季雨季萌发大量秋梢，有利于花芽形成。此时施入基肥，根系可很快吸收利用，对于提高叶片光合作用，增加贮藏营养（包括碳素营养和氮素营养）十分有利。早秋施基肥后，经过晚秋、冬季和早春的腐熟分解，在翌年春季苹果需肥最多的营养临界期肥效释放。在冬季或早春施肥，雨季过后肥效释放，反而引起秋梢旺长，花芽、枝条组织不充实，抗寒力下降。

（4）施基肥的方法：沿树冠投影外沿开环状沟或条沟，沟宽50厘米，深度50厘米，然后把有机肥、土、化肥混合施入。深翻扩穴的果园可结合深翻施入基肥，但不宜施得过深。基肥浅施有利于吸收根的发生，早成花结果，同时基肥分解时放出二氧化碳，可提高叶片的光合作用。密植果园根系分布浅且集中，可在离树干1米的地方开放射状沟5～6条，深30厘米，近树干的一头稍浅，树冠外围较深。施入基肥后立即灌水沉实，使土和根紧密结合在一起，有利于肥料的分解和利用。

3. 追肥

在增施基肥、改良土壤的基础上，为充分满足果树生长发育的需要，还应及时合理追肥。依果树生长势、负载量、品种、土壤条件，追肥的时间、种类和方法不同。

追肥主要采用各种化肥。化肥养分含量高，肥效发挥快，施入土壤中可很快被根系吸收利用。但是，化肥营养成分单一，长期单一施用会造成果实品质下降，出现缺素症、树体徒长等不良后果。化肥也不具有养地的作用，长期施用会造成土壤结构恶化、土壤板结等。化肥按照所含营养元素，可分为氮肥、磷肥、钾肥以及复合肥等。常见的氮肥有尿素、碳酸氢铵、硫酸铵、硝酸铵等，磷肥有过磷酸钙、钙镁磷肥等，钾肥有硝酸钾、硫酸钾及氯化钾等。各种专用肥是各种单元素肥料和有机肥的复混肥。

(1)追肥：根际追肥应在生长季苹果树需肥最多的时期施入，满足果树对肥料的急需。根际追肥可以弥补基肥肥效缓慢的不足。如苹果树需肥最大的时期与各器官建造的时期相吻合，可分4次追肥。

①芽前肥：在萌芽前1～2周追肥。此期是苹果树的“氮素营养临界期”，应以氮肥为主，施用量占全年氮肥总用量的20%。

②花后肥：5月底、6月初追肥。此期苹果树中短枝停长，花芽开始分化，树体贮藏营养消耗殆尽，叶片由发叶初期的浅黄绿色转为深绿色，开始完全依靠当年叶片制造的同化养分，是全年的"碳素营养临界期"。此期追肥对花芽分化和幼果生长十分有利。以氮、磷、钾复合肥为好，氮肥占全年施肥总量的20%，钾肥占60%。

③催果肥：7~8月叶片光合效能最强，果实生长迅速，是决定果实大小及当年产量的关键时期，追肥能明显提高产量。追肥可采用三元素复合肥，氮肥占全年施肥量的10%，钾肥占40%。

④果后肥：果实采收后结合施基肥进行，对于迅速恢复叶功能，增加树体贮藏营养十分有利。追肥时可采用放射状沟施或环状沟施，也可多点穴施。追肥宜浅，深度应在20厘米左右，施在根系集中分布区。追肥应本着"少量多次"的原则，尤其是保肥保水能力差的沙滩地、山坡丘陵地，否则，既浪费肥料，又费工误时。

（2）叶面喷肥：叶面喷肥可直接被叶片、嫩枝、幼果等的气孔、皮孔、皮层吸收，见效快，肥料利用率高，是应急补缺措施。例如，套袋苹果叶面喷布氨基酸钙，对于防止缺钙症效果良好。对于易被土壤固定的钙肥、磷肥、铁肥、锌肥，采用叶面喷肥效果十分明显。另外，套袋苹果园叶面喷布磷酸二氢钾、PP_{333}、稀土、苹果增大着色药肥等，可提高苹果的含糖量，促进着色。苹果树生长前期叶面喷布200倍光合微肥，可有效提高叶片的光合作用。

套袋梨园易发生缺素症，根外追肥可有效防治套袋梨果缺钙症、缺硼症，对于易被土壤固定的钙肥、磷肥、铁肥、锌肥更见其效。如喷布多效素，可有效预防因缺硼而导致的"疙瘩梨"。另外，叶面喷布磷酸二氢钾、稀土、ESD增糖剂等生物肥料，可提高套袋梨果的含糖量，改善果实品质。叶面喷肥适宜浓度如表6-1所示。

表6-1　　叶面喷肥适宜浓度

元素种类	叶面肥	浓度（%）
氮（N）	尿素	0.3～0.5
氮（N）	硫酸铵	0.1～0.3
氮（N）	硝酸铵	0.1～0.3
氮、磷（N、P）	磷酸铵	0.3～0.5
磷（P、Ca）	过磷酸钙	1～3（清液）
磷、钾（P、K）	磷酸二氢钾	0.2～0.3
钾（K）	草木灰	1～6（清液）
钾（K）	硫酸钾	0.2～0.4
钾（N、K）	硝酸钾	0.3～0.5
锌（Zn）	硫酸锌	0.1～0.4
硼（B）	硼酸	0.1～0.5
硼（B）	硼砂	0.1～0.25
铁（Fe）	硫酸亚铁	0.1～0.4
铁（Fe）	螯合铁	0.05～0.1
镁（Mg）	硫酸镁	1.0
镁（Mg、Cl）	氯化镁	1.0～2.0
钼（N、Mo）	钼酸铵	0.1～0.2
铜（Cu）	硫酸铜	0.05～0.1

（三）果园水分管理

1. 灌溉时期

果园土壤适宜含水量为土壤最大持水量的60%～80%，低于或高于这个数值都对果树生长不利。果园灌水应根据天气情况，原则上“随旱随灌”，做到“灌、排、保、节水”并重。“水肥相济”，施肥与灌水不分家，一般每次施肥后均应灌水，以利于肥效的发挥。因此，根据施肥时期有芽前水、花后水、催果水及冬前水之分，全年至少应浇4次水。果园供水以灌透为度，避免大水漫灌。为了实现果树丰产、优质、高效的栽培目标，要注意节水和提高水的利用率。

2. 灌溉方法

（1）沟灌：沟灌是在作物行间挖灌水沟，水从输水沟进入灌水沟后，主要靠毛细管作用湿润土壤。沟灌不会破坏作物根部附近的土壤结构，不会导致田面板结，能减少水分蒸发损失。但是沟灌时，在重力作用下水分下渗过大，会造成水的浪费。果园沟灌能增大水平侧渗和加快水流速度，比漫灌节水65%，是省工高效的地面灌溉技术。

方法是起垄，在树干基部培土，并沿果树种植方向形成高15～30厘米、上部宽40～50厘米、下部宽100～120厘米的“弓背形”土垄。一般每行树挖两条灌水沟。在垂直于树冠外缘的下方，向内30厘米处（幼树园距树干50～80厘米，成龄大树园距树干120厘米）沿果树种植方向开挖灌水沟，并与配水道相垂直。灌水沟采用倒梯形断面结构，上口宽30～40厘米，下口宽20～30厘米，沟深30厘米。沙壤土果园灌水沟最大长度30～50米，黏重土壤果园灌水沟最大长度50～100米。在果树需水关键期灌水，每次至水沟灌满为止。

（2）喷灌：喷灌是利用专门的设备把水加压，并通过管道将有压水送到灌溉地段，通过喷洒器（喷头）喷射到空中，形成细小的水滴，均匀地散布在田间。

喷灌所用的设备包括动力机械、管道喷头、喷灌泵、喷灌机等。喷灌要根据当地的自然和设备条件、能源供应、技术力量、用户经济负担能力等因素，因地制宜加以选用。水源的水量、流量、水位等应在灌溉设计保证率内，以满足灌区用水需要。根据土壤特性和地形因素合理确定喷灌强度，使之等于或小于土壤渗透强度，强度太大会产生积水和径流；强度太小则喷水时间长，降低设备利用率。根据地形、风向、合理布置喷洒作业点，以提高均匀度，同时观测土壤水分和作物生长变化情况，适时适量灌水。

（3）滴灌：滴灌是滴水灌溉的简称，是将水加压，有压水通过输水管输送，并利用安装在末级管道（称为毛管）上的滴头将输水管内的有压水流消能，一滴滴地滴入土壤中。滴灌对土壤冲击力较小，且只湿润作物根系附近的局部土壤。采用滴灌灌溉果树，所湿润土壤面积的湿润比只

有15%～30%，因此，比较省水。滴灌系统主要由首部枢纽、管路和滴头三部分组成。有的滴灌系统还有肥料罐，装有浓缩营养液，用管子直接连接在控制首部的过滤器前面。滴灌容易堵塞，要限制根系生长和盐分的积累。

（4）微喷灌：微喷灌是通过管道系统将有压水输送到微喷头，喷洒在土壤表面的新型灌水方法。微喷灌与滴灌一样，也属于局部灌溉。其优缺点与滴灌基本相同，节水增产效果明显，但抗堵塞性能优于滴灌，而耗能又比喷灌低；同时，微喷灌还具有降温、除尘、防霜冻、调节田间小气候等作用。微喷头是微喷灌的关键部件，整个系统由水源工程、动力装置、输送管道、微喷头四部分组成。

3. 保水和排水

旱薄山地水资源缺乏，可实施保水旱栽，最大限度地利用自然降水，以满足果树对水分的需求。具体方法有：果园覆草或覆膜，防止土壤水分的蒸发；修筑梯田，梯田内侧设竹节沟蓄水；山地果园修筑旱井、小型水库存贮雨水，留作干旱时用；在果园内挖集水坑或利用贮水柜收集雨水。

土壤中水分多易涝，根系处于缺氧窒息状态，吸肥吸水能力受阻，轻者叶片光合作用下降，重者造成烂根，甚至出现死树现象。因此，果园应开挖排水沟，尤其在地势低洼和容易积涝的果园，要做到旱能浇、涝能排。

套袋果树整形修剪技术

（一）苹果树整形修剪技术

根据品种的生物学特性，树龄和树势，栽培密度和栽植方式，立地条件和栽培水平，修剪后的树体反应，进行整形修剪。整形修剪遵循的原则是，有形不死，无形不乱；因树修剪，随枝造形；轻剪为主，轻重结合；平衡树势，从属分明。整形修剪是在加强土肥水管理的基础上，调节营养生长与生殖生长的关系，促进苹果树早果丰产、稳产优质的重要措施之一。

1. 与修剪有关的概念

（1）萌芽力：萌芽力是指苹果树1年生枝条芽萌发的能力，常用萌芽数占总芽数的百分数来表示。不同苹果品种萌芽力的强弱有明显差异。如国光、印度、青香蕉等品种的萌芽力较弱，金帅、元帅系、富士系等品种的萌芽力

较强。同一苹果品种也有差异，短枝型品种比普通乔化型品种的萌芽力要强。此外，不同类型的枝条和不同树龄，萌芽力强弱也不一样，如徒长枝萌芽力比长枝弱，长枝比中枝弱，直立枝萌芽力低于平斜生长枝和水平生长枝，幼树萌芽力比成龄树弱。随结果数量增加和枝条角度的开张，萌芽力也相应增强。在正常情况下，萌芽力的强弱与成花结果的早晚有较大关系。萌芽力强的品种，抽生中短枝多，成花较易，结果较早，早期产量也高。由于枝量较多，易造成树冠郁闭，修剪中应加以注意。同时萌芽力强的品种，由于枝多、叶多，叶面积大，早期营养积累多，若采用早期拉枝、开角、延迟修剪等，更易获得早成花、多结果的明显效果。

（2）成枝力：成枝力是指芽萌发后抽生长枝的能力。抽生长枝比例大时，成枝力强；抽生长枝比例小的，成枝力弱。成枝力强弱，与品种、树龄、树势等密切相关。成枝力强的品种，一般年生长量较大，生长势较强，整形也比较容易，但成花结果比较晚，如国光、红富士、青香蕉等。虽然幼树整形容易，但因总枝量不足，尤其中短枝数量不足，成花较难，相对结果也晚。采用较大的冠型，骨干枝级次可多一些，这样便于充分利用各类枝条，尽快培养树形，且树体结构牢固。成枝力弱的品种，如短枝型品种新红星、短枝红富士等，生长量一般较小，生长势也比较缓和，且树冠紧凑、光照良好，整形和修剪比较容易，成花易、结果早，可选用小冠型，骨干枝级次要少。

(3)芽的异质性：由于芽发生的时间和着生部位不同，受不同内部营养条件和外界环境条件的影响，造成质量上的差异，叫做芽的异质性。不同质量的芽，直接影响着芽的萌发能力和萌发后生长的强弱。在修剪中，经常利用这一特性达到平衡枝势、平衡树势、调节生长与结果的目的。

苹果当年生新梢上的芽，在自然状况下，有的能当年萌发，再次抽生新梢，生成副梢或二、三次枝，这种特性称为芽的早熟性。在修剪上常利用这种特性，促进枝条萌发，扩大树冠尽早成形，达到早期丰产的目的。

苹果树枝条基部的芽，不仅翌年不萌发，有的几年不萌发，但并不死亡，仍具有萌发能力，通常称为潜伏芽。当受到外界刺激或环境、营养条件适宜时，这些潜伏芽可以从休眠状态苏醒，萌发生长。

(4)干性与层性：干性是指中心主干的强弱程度，即果树自身形成中干，并维持其生长势的能力。自身形成中干的能力强，中干生长势易维持的，称为干性较强；反之，自身形成中干的能力较弱，而中干的生长优势又不容易维持的，称为干性较弱。干性除了与品种因素有关外，也与自然条件及管理水平有关。金帅、新红星、富士干性较强，青香蕉的干性较弱。干性较强的品种，整形修剪时宜采用有中干树形，干性弱者可采用开心形。层性是指枝条在树冠中自然分层的能力。由于果树枝条具有明显的顶端

优势，一些枝的发枝势力由上而下递减，这种现象多年重复，就形成了层性。因此，在中央领导干或主枝上就形成明显的分层现象。分层明显的，称为层性强；分层不明显的，则称为层性弱。对层性较强的品种，宜培养有中干的树形，但层间距不宜过大，如小冠疏层形、自由纺缍形等；对层性较弱的，则宜采用开心形，而维持较大的叶幕间距，以利通风透光。

(5)顶端优势：又称极性，是指在同一枝条的上部或顶部的枝，长势最强、靠近顶端的芽，抽生的枝条越直立，长势越强，而向下侧依次减弱的现象。苹果修剪中，经常利用和控制顶端优势。充分利用枝、芽的空间位置，也可以利用优势部位的壮枝、壮芽，来增强树体的生长势力；对于强枝，可采用控制顶端优势的方法，压低枝、芽的生长空间，开张枝条角度，以缓和生长势力，达到抑强促弱、平衡树势的目的。

(6)分枝角度：是指枝条与母枝间的夹角。分枝角度越小，则分支点的承受力越弱，因而也易于劈裂。分枝角度大，夹角内的枝杈处生长结构牢固，承受力较强，不易劈裂。为使盛果期树的大枝不致因结果过多负载过重而劈裂，在整形过程中应及早开张角度。

苹果树各品种的自然分枝角度有明显差异。金帅等分枝角度较大，新红星、富士等分枝角度较小。在生产上，特别强调主枝角度的开张，只要主枝角度开张适宜，一般树冠开张、结果早、果品质量也好，而且易于整形，枝组培养和树冠结构良好，通风透光，稳产高产，经济寿命也长，有利于立体结果。在整形修剪中，应根据树势和树龄调整骨干枝角度，以保证正常生长和结果。

（7）枝类组成和梢的系数：枝类组成，是指长、中、短枝及叶丛枝等占枝条总量的比例；梢的系数，是指长、中、短梢等各类当年生新梢占枝条总量的比例。

由于不同类型的枝，在营养物质的制造、消耗、积累、分配和输送方向等方面都不同，生长和结果状况也有差异。短枝和叶丛枝的枝轴很短，叶片丛生，节间不明显，在多数情况下只有顶芽，没有侧芽或侧芽很不明显。这种枝条只有一次生长，生长期较短。由于短枝上的叶片形成早、较集中、光合强度较高，营养物质积累较多，易形成花芽。中枝节间也较短，但比较明显，具有顶芽和侧芽，生长期较长，一般只有一次生长，但营养消耗明显大于短枝和叶丛枝，光合强度前期较高、后期较低。中枝制造的光合产物，既用于自身生长，又要供应周围新梢生长。长枝的枝轴长而粗大，在年周期内常有1～2次旺盛生长过程，生长强度因品种和立地条件不同而不同。第一次旺盛生长期形成的新梢称为春梢，第二次旺盛生长期形成的新梢称为秋梢。长梢形成的时间较长，营养消耗大。长梢叶片的光合强度，前期较低，中后期较高，所制造的光合产物大部分用于输出，供应其他枝条的生长，而用于自身建

造的少，所以成长较难，采取相应措施可促使部分长枝成长。

由于不同枝梢在营养物质的制造、消耗、积累和分配方面的特性各不相同，当树冠中各类新梢的数量不相同时，整个树体的生长结果状况也就不一致。因此，合理运用修剪技术适当轻剪，并配合良好的土肥水管理措施合理负载，适当调节枝类组成的比例，是实现早期结果、优质、高产、稳产的重要技术途径。丰产稳产苹果园的枝类组成，短枝、叶丛枝应占80%~90%，中长枝不能超过10%，外围发育枝（或旺长枝）控制在5%左右。

2. 主要树形及整形技术

（1）小冠疏层形：干高40~50厘米，树高3米。全树共有主枝5~6个。第一层有3个主枝，可以互相邻接或临近，开张角度60°~70°。每一主枝上相对应两侧各配备1~2个侧枝，无副侧枝。第二层1~2个主枝，方位插在一层主枝空间，开角50°~60°，直接着生中、小枝组。第三层1个主枝，着生小型枝组。该种树形树冠呈扁圆形，骨干枝级次少，光照良好，立体结果，枝势稳定。

苗木定植后，于60厘米处定干，萌芽前20天刻芽促枝，夏、秋季拿梢开角，选好中干和主枝方位。冬剪时，中心干留60~70厘米，于饱满芽处短截。三大主枝留50~60厘米短截，其余枝条适当短截促分枝，增加枝量。

第二、三年修剪应在春季萌芽前，对较旺骨干枝进行刻芽促萌，辅养枝和临时枝开张角度。冬季修剪时，对三大主枝继续轻剪长放、开张角度。外围延长头的竞争枝，过密枝疏除，在中干上生长的辅养枝，多保留且拉至水平。原则上前三年少疏枝、轻短截、促萌芽，增加枝叶量，扩大树冠。第四年采用一系列夏剪措施，控制生长，促进成花。如5月下旬至7月底，对背上旺梢或竞争梢留5厘米左右短截，促发2次枝，且能有部分成花。对主枝或中心干进行环剥、环割，可以缓和生长，促进花芽形成。冬季修剪时对延长枝要轻剪长留，对骨干枝中、上部背上旺长枝、过密枝及外围竞争枝适当疏除，其余枝一律缓放不剪。5年生以上的树要搞好花前复剪，疏除树冠外围旺长枝、内膛过密枝，解决好通风透光问题。对生长势强的枝可进行环剥，以便均衡树势。冬剪时，为保持合理树体高度，对中央领导枝落头开心，对主枝延长枝行间轻剪，株间不剪，缓和树势，增加结果面积。对中干上的辅养枝更新，使其单轴延伸，主枝以下的裙枝回缩或疏除。

结果枝组的修剪，主要使强旺或衰弱的结果枝组向中庸健壮枝组转化。调整枝组长势，促使增加中短枝和果枝数量。对强旺枝组内的直立旺条要疏除；留橛重短截或压平控长，促生中、短枝；对中庸果枝缓放；串花枝结果后回缩；生长弱的果枝，要适时回缩更新。对衰弱结果枝组，应回缩到壮枝、壮芽处，并疏除过多花芽。适当缩剪过弱

结果枝组上的弱枝，促发营养枝。对其上的中长果枝要短截，带花的果台副梢枝也要打头。对中庸健壮结果枝组，抑制其顶端优势，促使下部枝条保持健壮生长，多结果。

（2）自由纺缍形：干高60～70厘米，树高2.5～3.0米。中央领导干较直立，全树共10～12个主枝，主枝向四周均衡分布，插空排列，不分层次。下层主枝长1～2米，上层主枝依次递减，相邻两主枝间隔15～20厘米，同一方向主枝间隔50厘米左右。主枝角度80°～90°，主枝与中干粗度比以0.4∶1为宜，最大不能超过0.5∶1，以保持中央领导干优势。主枝单轴延伸，其上直接着生枝组，以短果枝和中小型结果枝组结果为主。该种树形树冠紧凑丰满，通风透光良好，有利于生产优质果。

苗木定植后，当年留80～90厘米高定干。幼龄树，中央领导干延长枝剪留长度一般为40～50厘米。对于中干强旺的延长头，可以留50～60厘米轻剪，并在早春采用定位刻芽促枝技术，促进中、下部芽抽生长梢。中干过强，可换弱头轻截或不截；对于中庸或偏弱中干，要中截40厘米左右。主枝数过少或过强等可重截萌发，延长头缓放不剪，与中干竞争者可疏除或重截，留下的辅养枝、临时枝甩放不剪，单轴延伸，春季捋枝或秋季拿梢使之水平生长。4～5年生树形基本形成，主枝延长枝缓放不剪，对影响光照的主枝中、上部的背上旺枝、竞争枝、密挤枝、“把门侧”等适当疏除，拉平辅养枝、临时枝等。注意在不影响树体高度的情况下，每年中央领导枝以弱枝当头或缓放不剪。主枝延长枝过长时，要及时在适宜分枝处回缩。过粗主枝若附近有分枝代替，应从基部疏粗留细。及时疏除背上枝、过密枝和裙枝。多年生结果枝回缩到水平枝或短枝处，各类枝组交替结果。疏除树冠中过多过密主枝，更新老弱枝，调整主枝的间隔距离，疏通光路，有利于成花结果，稳产高产。

修剪时要保持中央领导干的生长优势，及时疏除或重截竞争枝；及时运用夏秋拉枝开角技术，使之及早成形，为减少冬剪用工创造有利条件；幼树期，中干上要适当多留辅养枝，扶持中干加粗，保持中干优势。

(3)改良纺锤形：该种树形适用于已经栽植的苹果幼树密植园。株行距2米 ×4米~3米 ×4米，树龄3~4年生，在原有小冠疏层形基础上进行改造，以适应密植栽培。

在树冠下选择3~4个长势中庸且均衡的大枝作为基部主枝，基部主枝以上的中干上均匀培养8~10个小主枝，主枝间距15~20厘米，单轴延伸，交错排列，不分层次；主枝上直接着生中、小型结果枝组，形成一个基部较大、中上部较细的改良纺锤形。

(4)细长纺锤形：干高50~60厘米，树高2.5~3米，冠径1.5~2.0米，中心干直立。在中干上按15~20厘米间距着生15~20个主枝，不分层次，均与插空排列，水平单轴延伸。各主枝长势相似，下部略长，上部略短。树顶

部呈锐角。主枝上无侧枝，直接着生中小型枝组，整个树冠呈细长纺锤形。

（二）梨树整形修剪技术

1. 芽、枝条和枝干

（1）芽：分为顶芽、侧芽，副芽、潜伏芽，叶芽、花芽等。

顶芽：着生在枝条顶端的芽，称为顶芽。

侧芽：着生在枝条顶端以下各部位叶腋间的芽，称为侧芽，也称为腋芽。

副芽：侧芽基部有一对很小的芽，是在原来的侧芽最外两片鳞片间形成的，称为副芽。

潜伏芽：枝条基部芽和侧芽基部的副芽，生长势极弱，一般不萌发而呈潜伏状态，只有在短截等刺激下才能萌发，这样的芽称为潜伏芽，也称为隐芽。

叶芽：萌发后只抽枝长叶，不能开花结果的芽，称为叶芽。

花芽：萌发后能够开花的芽，称为花芽。着生在枝条顶端的芽，称为顶花芽。着生在其他部位叶腋间的芽，称为腋花芽。

混合花芽：萌发后不仅能够抽枝长叶，而且着生花序，能够开花的芽，称为混合花芽。梨树的花芽均为混合花芽。

（2）枝干：包括骨干枝、辅养枝和结果枝等。

骨干枝：包括主干、中心干、主枝和侧枝等，是构成树体骨架的主要枝干。

主干：从根颈起到构成树冠的第一大分枝基部的树干，称为主干。主干负载着整个树冠的重量，是根系和树冠营养物质交换的运输通道。

中心干：第一层主枝以上直到树冠顶端的树干，称为中心干，也称为中央领导干。

主枝：直接着生在中心干上，构成树冠骨架的各大分枝，称为主枝。

侧枝：直接着生在主枝上的大枝，称为侧枝。从靠近主枝基部的第一个算起，分别称为第一、二、三……侧枝。

延长枝：各级骨干枝先端向外延伸生长的1年生枝，称为延长枝或延长头，逐年向外延伸，扩大树冠。

辅养枝：着生在树冠各部的非骨干枝，称为辅养枝，作用是辅养树体和开花结果。

枝组：着生在各级骨干枝上的小枝群，其中有若干结果枝和营养枝，是生长和结果的基本单位，常被称为结果枝组。

(3)枝条：包括新梢、结果枝、徒长枝等。

新梢：芽萌发后长出的新枝，在当年落叶以前，称为新梢。

果台：梨树着生花芽的部位，开花结果后增粗肥大，称为果台。果台上抽生的副梢，称为果台副梢。

结果枝：着生花芽，能够开花结果的1年生枝，称为结果枝。长果枝，当年生长量在15厘米以上，顶芽是花芽枝；中果枝，当年生长量在5～15厘米，顶芽是花芽；短果枝，当年生长量在5厘米以下，顶芽是花芽；短果枝多年连续结果，分枝形成的多个短果枝，聚集在一起的枝群，称为短果枝群。

营养枝：只着生叶芽，萌发后只能抽梢长叶的枝，称为营养枝。营养枝具有辅养树体、扩大树冠的作用，并且能够形成结果枝。

徒长枝：由休眠芽受刺激萌长成，常着生在各级骨干枝的多年生部位，特点是生长势旺、节间长、叶片大而薄、芽体瘦弱、消耗营养物质较多。徒长枝在树体更新复壮中具有重要作用。

竞争枝：着生在骨干枝延长头下部，生长直立强旺的枝条，常与延长枝竞争生长，争夺营养和空间。

2. 修剪的基本方法

(1)短截：是对梨树的1年生枝条剪去一部分，保留一部分的方法。依据短截的程度，可以分为轻短截、中短截、重短截和极重短截4种。

①轻短截：仅剪去枝条的顶端部分，截去枝条全长的1/4。一般剪口下选留弱芽或次饱满芽。修剪后，由于剪口芽不充实，从而削弱了顶端优势，使芽的萌发率提高。

剪口下发出的中长枝条，生长势较原来的枝条弱，可形成较多的中短枝和叶丛枝。有缓和树势、促进花芽形成的作用。

②中短截：指在1年生枝中部的饱满芽处剪截，截去枝条全长的1/4～1/2。中短截加强了剪口以下芽的活力，从而提高萌芽率和成枝力，促进生长势。中短截常用于培养大、中型结果枝组、骨干枝的延长段，以扩大树冠。另外，为复壮弱树、弱枝等，也常运用中短截。

③重短截：在枝条下部或基部次饱满芽处剪截，剪去枝条的1/2～3/4。由于剪去的芽多，使枝势集中到剪口芽，可以促使剪口下萌发1～2个旺枝及部分中短枝。通常在对某些枝条既要保留，又要控制其生长部位和生长势时采用，常用于控制竞争枝、直立枝或培养小型枝组。

④极重短截：在枝条基部轮痕处剪截，剪口下留弱芽或芽鳞痕，促使基部隐芽萌发。一般剪后萌发1～2个中庸枝，能够起到削弱枝条生长势，降低枝位的作用。有些部位需要留枝，但原有枝条生长势太强，可采取极重短截的办法，以强枝换弱枝。

（2）疏剪：将1年生枝条或多年生枝从基部全部剪除或锯掉，称为疏剪。疏剪主要是去除影响光照的过密大枝、交叉枝、重叠枝、竞争枝，没有利用价值的徒长枝、病虫枝、枯死枝、衰弱枝，过多的弱果枝等。疏剪减少了梨树总体的生长量，能够调节枝条密度、枝类组成和果枝

的比例，改善树冠内的透光条件，调节局部枝条的生长势。疏剪的剪口能阻止养分上运，因此，对剪口上部枝条的生长有削弱作用。同时疏剪改善了下部枝的光照及营养条件，有利于促进剪口下部枝条的生长势。疏剪主要用于盛果期梨树，既削弱树势，又能减少总生长量。

（3）回缩：也称缩剪，是指对多年生枝或枝组进行剪截。缩剪可以改变枝条角度，限制枝组的生长空间，减少枝条生长量，增强局部枝条的生长势，调节枝组内的枝类组成，减少营养消耗，保证营养供应，促进成花结果。对生长势较强的枝组去强留弱，可以改善光照、平衡树势；对衰老枝组去弱留强，下垂枝抬高枝头，可以达到更新复壮的目的；解决交叉枝、重叠枝，采用“放一缩一”，充分利用。

（4）缓放：对1年生发育枝不剪截，任其自然生长，称为缓放，也称甩放或长放。幼树和旺树的辅养枝多应用缓放。由于缓放没有剪口的刺激作用，可以减缓顶端优势，使枝条长势缓和，促进萌芽率的提高，增加中、短枝比例，促进花芽形成，对促进旺树、旺枝早成花和早结果有良好效果。长枝不剪，具明显增粗效果，生长势减弱，且萌生大量中、短枝，早期叶形成的多，有利于营养物质的积累和花芽形成；中枝缓放不剪，由于顶芽有较强的生长能力，某些品种由于顶芽与母枝生长势相近或略弱于中枝，下部侧芽会发生较多的、生长弱的短枝。但对长枝、中枝连续

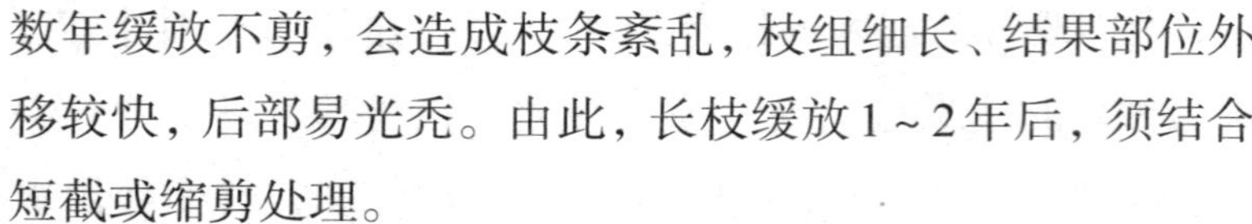

数年缓放不剪，会造成枝条紊乱，枝组细长、结果部位外移较快，后部易光秃。由此，长枝缓放1～2年后，须结合短截或缩剪处理。

（5）拉枝：幼树自然生长，顶端优势和极性较强，角度往往不开张，枝条直立生长，长旺枝多而短枝较少。因此，必须采用拉枝的方法开张枝条角度，控制极性，缓势促花。拉枝是指用绳或铁丝，将角度小的骨干枝或大辅养枝拉开角度，使主枝开张至70°左右，辅养枝开张80°以上，以达到整形和早果丰产的要求。拉枝要注意拉在枝条的中下部，使基角开张，避免拉在枝条的上部，以防梢端下垂，弯曲部位萌发旺枝。拉枝还可以改变枝条的生长方位，使骨干枝和辅养枝在树冠内均匀分布，有利于形成良好的树体结构。

（6）刻芽、抹芽：也称为目伤。春季萌芽前，在枝条或芽的上方0.5厘米处用刀横割月牙形伤口，深达木质部，从而刺激芽萌发抽枝的方法，称为刻芽。在芽或枝条的上方刻，可使水分和养分集中到伤口下的芽或枝条上，促进芽的萌发；在芽的下方刻，则可以抑制芽的萌发。刻芽时，注意以刻两侧芽为主，尽可能不刻背上芽。

抹芽也称为除萌。在春季将骨干枝上多余的萌芽抹除。及时抹芽，可以减少养分的消耗，避免树冠内部枝条密挤，改善树体的通风透光条件。

（7）环剥：在枝干上，按一定宽度用刀剥去一圈环状

皮层，称为环剥。环剥暂时切断了营养物质向下运输的通道，使有机营养较多地留在环剥口上方，因而对促进花芽形成和提高坐果率效果明显；能够抑制环剥口上部枝条的生长势，促使幼旺树早成花、早结果。一般环剥多用于旺树、旺枝、辅养枝和徒长枝等。

环剥的宽度越宽，愈合越慢，对环剥部位以上的抑制生长和促进成花作用越强。但环剥口过宽会严重削弱树势，甚至造成死树或死枝。一般环剥口宽度为枝干粗度的1/10左右，以20~30天愈合为宜，强旺枝可略宽一些。环剥时注意切口深度要达到木质部，但不要伤及木质部，剥皮时要特别注意保护形成层，以利愈合。多雨的季节，环剥口应包裹塑料布或牛皮纸，加以保护。

(8) 拿枝：对直立或斜生旺长的新梢，在中下部用手握拿，木质部轻微受到损伤，使枝梢斜生或水平生长的方法。拿枝作用是开张新梢生长角度，改变生长方向、位置，缓和新梢的生长势，增加翌年枝条的萌芽力和成枝力。以调整枝条角度、方位的拿枝，宜在枝条旺长、柔软时进行；以促进侧芽发育或形成腋花芽为目的的拿枝，一般生长后期7~8月进行。

3. 主要树形及整形修剪技术

(1) 二层开心形：树高3.5~4米，冠径4~4.5米，干高60~80厘米。全树分两层，有5~6个主枝，第一层3~

4个，第二层2个，层间距1米左右。该树形透光性好，最适宜喜光性强的梨品种。

定植后留80～100厘米定干。第一次冬剪时，选择生长旺盛的剪口枝作为中央领导干，剪留50～60厘米，以下3～4个侧生分枝作为第一层主枝。以后每年同样培养上层主枝，直到培养出第五层主枝时，去掉第二层，控制第三层以上的部分，最终落头开心成二层开心形。侧枝要在主枝两侧交错排列，同侧侧枝间距要达到100厘米左右。

（2）开心疏层形：树高4～5米，冠径5米左右，干高40～50厘米。树干以上分成3个势力均衡，与主干延伸线呈30°斜伸的中干，因此，也称为“三挺身”树形。三主枝的基角为30°～35°，每主枝上从基部起培养背后或背斜侧枝1个，作为第一层侧枝。每个主枝上有侧枝6～7个，成层排列，共4～5层。侧枝上着生结果枝组，里侧仅能留中、小枝组。该树形骨架牢固、通风透光，适用于生长旺盛直立的品种，但幼树整形期间修剪较重，结果较晚。

定植后留70厘米定干。第一次冬剪时选择3个角度、方向均比较适宜的枝条，剪留50～60厘米，培养成为3条中干。第二年冬剪时，每条中干上选留一个侧枝，留50～60厘米短截，以后照此培养第二、三层侧枝。主枝上培养外侧侧枝。整个整形过程中要注意保持3条中干势力均衡。

（3）自由纺锤形：树高3米左右，冠径2～2.5米，干

高60厘米。中心干上直接着生大型结果枝组（亦即主枝）10～15个，中心干上每隔20厘米左右一个，插空排列，无明显层次。主枝开张70°～80°，枝轴粗度不超过中干的1/2。主枝上不留侧枝，直接着生结果枝组。其特点是只有一级骨干枝，树冠紧凑，通风透光好，成形快，结构简单，修剪量轻，生长点多，丰产，结果质量好。

纺缍形树体的整形修剪应“放下剪子，拿起绳子”，重在生长季调节，强调撑枝、拉枝缓和势力、打开光路，同时利用环剥、环割等技术促进早成花、早结果、早见效。

①幼树整形修剪：主要任务是千方百计增加枝叶量。在1～2年生时多行中截，一般见到壮枝壮芽即短截，剪口芽留壮芽，迅速扩大树冠，增加营养面积；同时注意维持中干势力，培养树形。一般不疏枝，多留辅养枝，辅养树体生长。对影响骨干枝（中干、各级主枝）生长的竞争枝、过强枝，采用拉枝、环剥、刻芽等方法，促进枝类转化、成花、结果，既能早期见到效益，又能辅壮树体，为以后丰产打下基础。

②初果期：整形修剪的主要任务是结果与整形并重。此时树体渐显“丰满”，辅养枝已开始成花结果，不再进行短截，各级骨干枝可行轻短截，以利扩冠和其上配置结果枝组。同时注意对未拉开的主枝要拉开角度。

③5年生以后：树体产量激增，此期整形修剪是要完成树体整形工作。辅养枝因多年缓放不动增粗极快，应着

手进行清理。按照整形的要求完成主枝的配备，影响树体结构平衡的辅养枝和多余大枝应下决心疏除。对于有改造价值的辅养枝应去强留弱、去大留小，改造成结果枝组。同时在树冠内有空间处，利用枝条缓放、短截等方法配备结果枝组，使树体果枝丰满。此时树高和冠幅基本达到整形要求，达不到要求的可以进行各级延长枝短截发枝，以充分利用空间。最后达到树高、冠幅合适，空间利用率高，通风透光良好，树体结构合理、果枝丰满，有利于立体结果的良好梨园群体和个体结构。

④生长季修剪：只要树势不是过旺，生长季疏枝不宜过多，尤其避免疏除大枝。若夏剪过度，易造成树体营养失衡，影响花芽形成，严重者还会发生日烧现象。只疏除树体中上部多余新梢、内膛徒长枝，以利透光，减少养分消耗。在套袋前剪除萌蘖及外围竞争枝，对过旺果台副梢留20厘米左右摘心。

(4)圆柱形：树高3.0～3.5米，干高60厘米左右，中心干上均匀着生18～22个大、中型枝组，枝组基部粗度为着生部位中心干直径的1/3～1/2，枝组分枝角度70°～90°。行间方向的枝展不超过行间宽度的1/3。整成篱壁形。

建园时，选用2～3年生砧木大苗，于春季土壤解冻后按照0.75米 × 3.0米株行距定植，砧木萌芽期嫁接梨品种。秋后培育出高度1.6～2.5米的优良品种大苗，在此基

础上培养圆柱形树形。

中心干多位刻芽促枝技术是培养该树形的关键。春天萌芽时，对大砧梨苗中心干基部60厘米以上和顶端30厘米以下的芽实施刻芽。在芽上方0.5厘米处重刻伤，深达木质部，长度为枝条周长的1/2。翌年继续对中心干采用多位刻芽促枝技术，对中心干延长枝顶端30厘米以下芽体进行刻芽促分枝，通过3年可完成圆柱形树形的培养。

幼树和初果期树不短截、不回缩，只采用疏枝和长放技术，保持枝组单轴延伸。盛果期树不短截、少回缩，结果枝组更新，采取以小换大的方法控制树体大小。注意控制树冠上部强旺枝，防止上强下弱。结果枝组枝头一律不短截，对于过长枝或枝头角度过大、过小的枝组进行回缩。该修剪技术方法简单、修剪量小，树体通风透光条件好。

（5）Y形：基本树形结构是，无中干，干高50～60厘米，两主枝呈V形。主枝上无侧枝，其上培养小型侧枝和结果枝组，两主枝夹角为80°～90°。

该树形要求定植壮苗，定干高度70～90厘米，定干后第1～2芽抽发的新枝开张角度小，其下分支开张角度大，可以培养为开张角度大的主枝。在生长季中，开张角度小的枝条可疏除；第2～3年冬剪时，主枝延长枝剪去1/3，夏季注意疏除主枝延长枝的竞争枝等；第4年对主枝进行拉枝开角，并控制其生长势，生长季节对旺长枝进行疏除，扭枝抑制生长，形成短果枝和中果枝；第5年树形基本完成，主枝前端直立旺盛，徒长枝少，短果枝形成合理。

该树形另一种建造方法是，定植后不定干，待苗木发芽后将苗70°拉倒，并在弯曲处选一好芽刻伤，促发直立枝；翌年将第1主枝上培养出的直立枝拉向相反方向，培养第2主枝，应对第1主枝上其余直立枝加以控制。主枝延长枝有生长空间的一般不短截，树势较弱，可轻度短截；无生长空间的主枝延长枝，可缩至弱枝、弱芽处。

（6）水平棚架树形：干高180厘米左右，主枝2个，接近水平。漏斗形，干高50厘米左右，主枝多个，主枝与主干夹角30°左右。杯状形，干高45厘米左右，主枝3～4个，主枝与主干夹角60°左右，主枝两侧培养出肋骨状排列的侧技。折衷形，是其他3种树形改良后的树形，干高80厘米左右，主枝3个，主枝与主干夹角45° 左右。在每个主枝上配置2～3个侧枝，每个侧枝上配置若干个中、小型结果枝组。棚架栽培梨的结果部位主要在架面上，呈平面结果状。

①第1年：定干高度80厘米，用一根竹竿插栽在苗木附近，用麻绳将其与苗木固定。萌芽后，待苗木上端抽生的新梢长20厘米左右时，选留3～4个生长方向不同的健壮枝梢作为主枝培养，保持其直立生长。落叶后将主枝拉成与主干呈45°角，三主枝间呈120°，四主枝间呈90°。用麻绳将其与竹竿绑定，留壮芽剪去顶端部分。

②第2年：继续培育主枝，并选留侧枝。继续保持主枝与主干呈45°角，上一年主枝的延长枝直立生长。每主

枝上选留2～3个侧枝，背上、背下枝尽早抹除。第1侧枝距主干距离60～70厘米，下部枝、芽要全部抹除，第2侧枝在第1侧枝对侧，二者在主枝上间距50～60厘米。第3侧枝在第2侧枝对侧，二者在主枝上间距40～50厘米。

③第3年：继续培育主枝、侧枝，并选留副侧枝。此时幼树已有一定的花量，但都着生在主枝与侧枝上，应严格控制坐果量，否则，会影响今后整个树冠的扩大。开花前，将主枝上的花芽全部去除，每一侧枝上最多保留两个果实，其余的全部去除。主枝仍未培育好的树，在生长期内，将主枝延长枝顶芽下的第4个芽作为第3侧枝培育，及时摘心控制其生长势，以防与主枝延长枝竞争。对顶芽发出的新梢要保持垂直向上生长，对剪口下方其他新梢连续摘心控制生长，以防与主枝延长枝竞争。此时树体骨架基本形成，应继续调整主枝、侧枝的主从关系。在每个侧枝上选留2～3个副侧枝，与选留侧枝的方法基本相同。在6月上中旬枝梢停长后、硬化前，要及时加大主枝、侧枝、副侧枝的生长角度，以免后期将其引缚到棚面时枝梢折断。副侧枝选留后，树体高度已超过棚面。冬季落叶2周后，将主枝延长枝、侧枝、副侧枝超过棚面的部分引缚在棚面上。将用麻绳"8"形绑定枝梢与网线。将枝梢尽可能放平固定。主枝延长枝留壮芽剪去顶端后，将其顶部竖直并用竹竿固定；引缚侧枝时，应考虑不同主枝和侧枝顶部的间距不小于1.2米，侧枝与主枝延长枝顶部间距

不小于1.2米，尽可能相互错开后再绑定。将侧枝顶端留壮芽短截后，与棚面保持45°，用竹竿固定。副侧枝在相互错开的情况下水平引缚。

④第4年：梨树生长量逐步增大，是继续培育侧枝、副侧枝的最佳时期。如果生长发育正常，树体将形成有3～4个主枝、9～12个侧枝及18～36个副侧枝的丰满树冠。这时树体已有较多花量，修剪上应充分考虑生长与结果的平衡，不可挂果过多，主枝及其延长枝上仍不能坐果，每一侧枝控制在5个果以内。此期整形的关键技术是保持主枝顶端的生长势，在主枝上选择适合的枝梢，培养成侧枝的后备枝。将后备枝周围的侧枝摘心后，作结果枝培养。

⑤成龄树的修剪：主要是保持主枝的先端生长优势。主枝先端易衰弱，可以适当回缩。生长势已经下降的树要改变修剪方法，首先确保预备枝，以恢复树势，剩下的枝配置长果枝。如果回缩修剪也不能使主枝健壮时，可利用基部发生的徒长枝更新主枝。被更新的主枝不要立即剪去，可作为侧枝利用，当新的主枝基部长到与被更新主枝同样粗度时再更新。延长头“牵引力”的强弱是维持树势的关键，树不断长大、生长点变远后，必须考虑启用下一条枝作延长头，即先用两个延长头“牵引”，然后进行回缩更新。主枝和侧枝的延长枝继续向外引缚，始终保持主枝和侧枝先端的生长优势，疏除竞争枝，特别是主枝和侧枝先端的2～3个强枝。主枝延长枝的顶端保持直立，侧

枝延长枝的顶端保持45°角。每次冬剪后整理棚架，修剪留下的结果枝也要全部绑缚诱引。

（7）大冠开心形：由栽培的基部三主枝疏散分层形、三大主枝自然圆头形、三挺身形等稀植大冠形改造而成。有计划、分年度地落头开心，降低树高（留二层或假二层），解决上部光照。疏除影响树体的1～2个大枝，降低骨干枝级次，解决内膛光照，最终形成高光照树形。

4. 梨树不同时期的修剪特点

（1）幼树期：幼树整形修剪重点应以培养骨架、合理整形、迅速扩冠占领空间为目标，兼顾结果。由于幼龄梨树枝条直立，生长旺盛，顶端优势强，很容易出现中干过强、主枝偏弱的现象。因此，修剪的主要任务是控制中干过旺生长，平衡树体生长势力，开张主枝角度，扶持培养主、侧枝，培养紧凑健壮的结果枝组，早期结果。

苗木定植后，首先依据栽培密度确定树形，选留培养中干和一层主枝。为了在树体生长发育后期有较大的选择余地，整形初期可多留主枝，主枝上多留侧枝，经3～4年后再逐步清理，明确骨干枝。对其余的枝条一般尽量保留，轻剪缓放，以增加枝叶量、辅养树体，再根据空间大小进行疏、缩调整，培养成为结果枝组。

选定的中干和主枝，要进行中度短截，促发分枝，以培养下一级骨干枝。同时短截还能促进骨干枝加粗生长，形成较大的尖削度，保证以后能承担较高的产量。为了防止树冠抱合生长，要及时开张主枝角度，削弱顶端优势，促使中后部芽萌发。一般幼树期一层主枝的角度要求在40° 左右。

修剪时注意幼树期要调整中干、主枝的生长势力，防止中干过强、主枝过弱，或者主枝过强、侧枝过弱。对过于强旺的中干或主枝，可以采用拉枝开角、弱枝换头等方法削弱生长势。

（2）初果期：梨树进入初结果期后，营养生长逐渐缓和，生殖生长逐步增强，结果能力逐渐提高。此时要继续培养骨干枝，完成整形任务，促进结果部位的转化，培养结果枝组，充分利用辅养枝结果，提高早期产量。

修剪时首先对已经选定的骨干枝继续培养，调节长势和角度。带头枝仍采用中截向外延伸；中心干延长枝不再中截，缓势结果，均衡树势。辅养枝的任务由扩大枝叶量、辅养树体，变为成花结果，实现早期产量。此时梨树已经具备转化结果的生理基础，只要势力缓和就可以成花结果。因此，要对辅养枝采取轻剪缓放、拉枝转换生长角度、环剥（割）等手段，缓和生长势，促进成花。

培养结果枝组，为梨树丰产打好基础，是该时期的重要工作。长枝周围空间大时，先行短截，促生分枝，分枝再继续短截、继续扩大，可以培养成大型结果枝组；周围空间小时，可以连续缓放，促生短枝，成花结果，等枝势

转弱时再回缩，培养成中、小型结果枝组。一般中枝不短截，成花结果后再回缩定形。大、中、小型结果枝组要合理搭配、均匀分布，使整个树冠圆满紧凑，枝枝见光，立体结果。

（3）盛果期：梨树进入盛果期，树形基本完成，骨架已经形成，树势趋于稳定，具备了大量结果和稳产优质的条件。此时修剪需维持中庸健壮的树势和良好的树体结构，改善光照，调节生长与结果的矛盾，更新复壮结果枝组，防止“大小年”结果，尽量延长盛果期。

树势中庸健壮是稳产、高产、优质的基础。中庸树势的标准是：外围新梢生长量30～50厘米，长枝占总枝量的10%～15%，中、短枝占85%～90%，短枝花芽量占总枝量的30%～40%；叶片肥厚，芽体饱满，枝组健壮，布局合理。树势偏旺时，采用缓势修剪手法多疏少截，去直立留平斜，弱枝带头，多留花果，以果压势。树势偏弱时，采用助势修剪手法，抬高枝条角度，壮枝壮芽带头，疏除过密细弱枝，加强回缩与短截，少留花果，复壮树势。对中庸树的修剪要稳定，不要忽轻忽重，各种修剪手法并用，及时更新复壮结果枝组，维持树势的中庸健壮。

结果枝组中的枝条可以分为结果枝、预备枝和营养枝三类，各占1/3，修剪时区别对待，平衡修剪，维持结果枝组的连续结果能力。对新培养的结果枝组，要抑前促后，使枝组紧凑；衰老枝组及时更新复壮，采用去弱留强、去斜留直、去密留稀、少留花果的方法，恢复生长势。对多年长放枝结果后及时回缩，以壮枝壮芽带头，缩短枝轴。去除细弱、密挤枝，压缩重叠枝，打开空间及光路。

梨树喜光，维持冠内通风透光是盛果期树修剪的主要任务之一。解决冠内光照问题的方法有：落头开心，打开上部光路；疏间、压缩过多、过密的辅养枝，打开层间；清理外围，疏除外围竞争枝以及背上直立大枝，压缩改造成大枝组，解决下部及内膛光照。

（三）桃树整形修剪技术

桃树具有生长性极强和生长旺盛的特点，整形修剪不当，容易造成上强下弱、光照不良和枝条的两极分化，使内膛、下部枝条因营养和光照不足衰弱或死亡，形成内膛空虚、结果部位外移，造成桃果产量低、品质差。

1. 修剪的依据及原则

（1）修剪的依据：喜光性强和干性弱是树体开心整形的依据。桃树和其他果树相比较，对光照的要求更为严格，在光照不足的情况下，内膛和下部的枝条生长细弱，以致大量枯死，出现结果部位外移，严重影响产量和质量。由于干性弱，不容易培养有直立中心主干的树形。鉴于以上两种特性，桃树的树体结构不论采取哪种树形，基本上都是开心形。这种树形整形容易、成形快，受光面积也大。

芽的早熟性和幼龄树的长势旺，是桃树轻剪和快速整形的依据。幼龄桃树生长势很旺，先端新梢当年可长到1米以上，在一个生长季节里可以发出2～3次副梢。整形要采取轻剪长留的方法，可获得缓和长势和快速成形的效果。因为潜伏芽少且寿命短，所以各类枝组的矮轴和后部必须留足预备枝。

因为花芽着生在当年新梢上，所以冬季修剪果枝要短截。只有每年形成一定比例的长、中、短果枝，桃树才能获得丰产。这些果枝的形成，主要是靠对长、中、短果枝的短截而来。尤其靠中长果枝结果的品种，果枝的短截更为重要。

（2）修剪的原则：桃树是一种速生树种，成形快、结果早，一般3～4年就可完成整形，栽植后第2年就可以结果。由于花芽着生在当年新梢上，所以在整形阶段并不影响结果，这与苹果树在结果中整形正好相反。

株距、行距大，培养大骨架树形，修剪方法上要多培养、少控制，早日扩大树冠，着眼于培养骨干枝的生长，以充分利用空间。大树冠整形，单株产量高，单位面积产量也高。株距、行距小，幼树期要控制修剪，利用其生长旺势，使之早期形成花芽，边整形、边结果，形成小巧的骨架。密植桃园的整形修剪除保持必要的单株个体之外，株、行之间形成一个群体，修剪时着眼于群体间枝条的分布，光照的利用。所以，整形修剪要以株距、行距为依据选择树形。

果树不同时期要求不同的树势，同一年龄时期也有不同的树势。盛果期桃树，树势强弱一致，修剪方法按盛果期要求进行。如树势强、中、弱不等，修剪时应着重调整树势，再按年龄时期进行修剪。一般幼树要以整形为主，各类果枝要轻剪密留，而成龄桃树要以各类结果枝组的更新修剪为主，果枝距要由幼树的10厘米左右加大到15~20厘米。根据树势和枝势确定修剪的轻重。树势强、枝势旺要轻剪，反之重剪。

根据桃的不同品种确定修剪方法。例如，对南方品种群桃树，多培养中长果枝结果；对北方品种群桃树则要多培养中短果枝和花状果枝结果。对开张型品种的剪口芽要多留在剪口侧方或上方，而直立型品种则相反。

桃树对修剪反应敏感，具体到每一个品种和不同树势，不同粗度的枝条，枝条所处位置（即角度）不同，修剪反应均不同。进入盛果期的树，全树剪去领导枝，促使其他枝条旺长；对个别主、侧枝重压缩修剪（即锯掉多年生枝的大部），该枝生长弱。主、侧枝的延长枝，如剪去1/2则生长较弱，短果枝在其叶芽处剪截，生长强旺。主、侧枝的延长枝，如剪去2/3则生长较强，对中、短果枝也适用。发育枝、徒长性果枝、中长果枝，如剪去3/4~4/5时，生长强旺；如剪去4/5以上时，生长较弱。这类枝用作预备枝时，可进行较重修剪；用作结果枝组时，可适当剪留。

2. 修剪方法

（1）缩剪：即回缩修剪，剪去1年生或多年生枝，多用于由弱转强枝的修剪。如盛果期桃树的果枝组更新，盛果末期桃树多年生弱枝的回缩修剪。

（2）疏剪：将过密、无用枝疏掉一部分，使养分集中用于发枝和结果。

（3）控制修剪：又称减势修剪。主要用于控制各种骨干枝的枝头，如用副梢带头和开张角度。

（4）刺激修剪：又称助势修剪。主要用于弱枝转强，如利用上枝上芽、抬高枝角度和增加枝量。

（5）短剪：比应当修剪的长度要短，比短截的长度要长，用于均衡树势。

（6）长留：比应当修剪的长度要长，多用于缓和树势。

3. 主要树形

（1）Y形：又称两大主枝自然开心形。这种树形的优点是生长快，结果早，骨架牢固，株间不拥挤，行间不郁闭，下部不易光秃，枝端不易疯长，通风透光好，树冠紧凑，枝组丰满，早果丰产，果实品质好，采收打药方便；缺点是整形稍难，修剪技术要求较高。

①树体结构：干高30～40厘米，主枝两个，分别向两边伸展，呈Y形，两主枝夹角为90°～100°。每主枝配备3～4个侧枝。侧枝应选在背斜侧，与主枝呈60°～70°。

第1侧枝距主干30～40厘米；第2侧枝距第1侧枝40厘米，方位与第1侧枝相对；第3侧枝位于第1侧枝同侧，距第2侧枝60厘米左右；第4侧枝距第3侧枝40厘米。主枝背上枝组要严加控制，数量要少且小。侧枝两侧留中小枝组，不要培养大型枝组。树体高度要根据行距的大小而定，一般为3～3.5米。树冠呈扁担形。从生产实践可以看出，这种树体结构适合于桃树密植栽培，每1 000米^{2}可栽植100～195株。

②树形修剪：苗木定植后，翌年春留50厘米高定干，萌发后在剪口下20厘米段的“整形带”内，选两枝向两边行间生长的健壮枝条，拉开角度，作为主枝培养。待长到50厘米长时留下芽摘心，促发二次枝，摘口枝继续向前延伸作为主枝，摘口下第2、3侧芽发生的背斜枝作第1侧枝，第2、3、4侧枝按规定距离继续用此法培养。幼旺树的主枝头要轻截长留，竟争枝和近枝端的强旺枝要多疏少截，以抑制顶端优势，促进下部生长，增大尖削度，提高负载力。盛果期主枝头转弱后，要适当加大短截力度，以促进抽生旺枝，防止早衰。

③侧枝头处理：旺枝轻短截，中庸枝中度短截，弱枝重截。株间侧枝交接时，视空间大小将其回缩成大、中型枝组。同行树的同一级侧枝呈同一顺方向着生，以免互相干扰。

④枝组配置：大型枝组配置在主枝基部及背后，用长枝或健壮发育枝中度短截后抽生的枝条培养；或把徒长

枝从基部20厘米处拉下后，用弯曲段萌发的分枝来培养。中型枝组配置在腰部或背下部，用中果枝或中庸发育枝中度短截培养。小型枝组配置在上部、背上及大中型枝组之间，以“插枝补空”，用中果枝轻度短截培养。枝组修剪时，要做好单枝更新、双枝更新和三枝更新，以保持枝组的健壮生长。

（2）自然开心形：该树形的优点是骨架牢固，树冠内光照条件好，树体生长旺盛，成形快，结果枝分布均匀，立体结果，丰产性好，整形容易。

①树体结构：主干高40厘米，树高3.0～3.5米，主枝3个，侧枝9～12个，适用于3米×4米～3.5米×4米的株行距。

②树形修剪：苗木定植后，在40～50厘米高处定干。翌年春萌芽后，从顶端往下20厘米段的“整形带”内，选3个间距10～15厘米、错落着生、长势健壮、粗细相近、分布匀称的新梢作为主枝，待其长到60厘米长时摘心，以摘口芽发的枝作为主枝延长头，继续向前延伸。将摘口下的第2、3个侧芽抽生的分枝培养成第1侧枝，冬剪时再选下芽适当短截，以促进增大粗度。第2侧枝用冬剪短截后次年春抽生的枝条培养，第3侧枝用翌年夏季摘心后侧芽抽生的枝来培养。在培养骨干枝的同时，注意开张主枝角度。树姿较开张品种，主枝与中心线夹角以40°～50°为宜；树姿较直立品种，以45°～55°为好。

③枝组配置：大、中型枝组宜配置在主枝和侧枝的中下部和内膛，小枝组配置在主、侧枝上部和大、中型枝组之间，作为补空。大型枝组间距100厘米左右，中型枝组间距60厘米，小型枝组间距25厘米。主枝上的大中型枝组宜配置在背上和背下，上下发展，占据空间，使树大而不空；侧枝上的大、中型枝组，宜配置在左右两侧，向两边发展，使树冠丰满紧凑。大、中型枝组用“先压后缩”法培养，即选略微斜生的旺枝留长10～15厘米重截，促使下部发生分枝，待新梢长至30厘米长时摘心，促发二次枝。冬剪时再疏强截弱、去直留斜，上部多留花芽、多结果，削弱顶端优势，加强下部生长。以后每年再缩剪顶端强枝，采用斜枝带头，不断改变延伸方向，使其弯曲上升，既控制了高度，改善了基部的光照条件，又避免了上强下弱。主枝背上的大中型枝组应为斜生，不能直立生长，以免形成“树上长树”，影响内膛光照和削弱骨干枝后部的长势。小枝组用中、长果枝留8～10对花芽短截结果后，再用副梢逐年培养而成。结果枝的剪留长度，长果枝留8～10对花芽，中果枝留5～6对花芽，短果枝留2～4对花芽。花束状果枝，健壮的可保留结果，过密和细弱的疏除。桃花芽是纯花芽，一定要在叶芽处短截，不然开花后就会因无叶而果落枝枯。花束状果枝，只有顶芽是叶芽，侧芽均是单花芽，切不可短截。

（3）自由纺锤形：该树形主枝多，无侧枝，无明显层

次，分枝级次少，树冠小，光照分布均，第1年生长量大，适宜于密植，多在设施栽培中应用。

干高20～30厘米，树高2米左右，有强壮的中心干，其上均衡分布8～10个小主枝，基本不分层，形成树体上小、下大，基部又略小的纺锤形。小主枝单轴延伸，角度70°～80°，长0.7～1米，主干与小主枝粗度比、小主枝与结果枝粗度比保持2∶1。

苗木定植后，距地面40～50厘米剪截定干，剪口下留20～30厘米整形带。整形带内利用副梢可选留2～3个小主枝，然后利用夏剪每隔15厘米左右选留1个小主枝，1～2年可完成树的整形。当小主枝达到8～10个时，中心干落头。小主枝尽量保持螺旋形排列，避免上下重叠，影响光照。

4. 桃树不同时期的修剪技术

（1）幼树期：桃树幼树生长旺盛，萌芽力、成枝力均强，壮枝易抽生副梢，花芽着生节位高，坐果率低，要重视夏季修剪。尤其是定植后前3年的夏季修剪，促早成形，培养好树形、骨干枝和各类结果枝组，基本上完成整形任务，为早实丰产打下良好的基础。

（2）结果期：不同部位的果枝组采用不同粗度的果枝培养，果枝组可以在主枝任何方位选留。树膛里面的果枝组（也叫背上枝组），采用徒长性果枝或用经过控制的竞争枝培养。树冠外围和两侧生长的果枝组，采用发育枝和徒长性果枝培养。过粗过细的果枝都不易培养成果枝组。

内膛果枝组第1年剪留4～6个芽，长成后不留带头枝；树冠外围果枝组第1年剪留7～8个芽，长成后留带头枝。

主枝的部位不同，培养的果枝组大小也不同，树内膛培养小型枝组，主枝的两侧和外侧培养大、中型枝组。一般内膛枝组3～4年培养成，多回缩修剪较早去掉带头枝，保持果枝之间的主从关系，不使生长过大，维持结果。侧生和向外生长的果枝组多在5～6年生培养成，保留带头枝。向外生长的果枝组有发展空间的，也可以培养成侧枝，第1、2年与侧枝的生长和修剪无大区别。果枝组要与主枝、侧枝在生长势和位置上保持从属关系，以使树体层次分明、通风透光，有利于生长结果。

结果枝要根据品种特性、花芽抗寒性及坐果率进行修剪。北方品种群花芽抗寒力低，坐果率低，修剪时要多留果枝，一般比南方品种群多留1/5～1/4。果枝修剪长度比南方品种群长1～2个芽。南方品种群果枝复芽多，坐果率高，花芽抗寒力强，修剪时要适当短留。幼年桃树果枝节间长，修剪时也要适当长留。长果枝留4～6个芽（长20厘米）；中果枝留4～5个芽（长16厘米）；短果枝从叶芽处剪截，无叶芽可以不剪截。幼树花束状果枝较少，北方品种群例外，此类果枝多不剪截。随着树龄的增大，副梢果枝逐年减少。对主、侧枝延长枝上的副梢果枝，为了

均衡生长旺势，可以适当剪留。因这些果枝节间较长，修剪时比其他果枝要多留1～2个芽。但对培养侧枝、结果枝组的副梢果枝只留基部芽，以使其再长壮枝，翌年作侧枝或果枝组用。可以用作侧枝或果枝组的副梢枝，宜培养其发枝，不留果或少留果。

（3）盛果期：该期桃树修剪的主要任务是调节结果和发枝的关系，树体已占满空间，各级骨干枝已形成，各种果枝组已经结果。每年冬、夏季修剪，都要立足于调节树体和各种枝组上部与下部生长势的均衡，枝组的更新和淘汰等。在修剪方法上要掌握旺枝控制生长，过密枝条适量疏除；弱枝回缩、短截。保持树体有一定的生长势，稳产高产。

成年桃树夏季修剪的目的在于平衡树势，通风透光，提高果实质量，有利于花芽分化。调节主、侧枝的生长势，分清各类枝的主从关系，控制旺长，扩大枝叶面积，防止上强下弱。结果桃树主、侧枝延长枝要防止生长强旺。对生长强旺的主、侧枝，可以剪主梢留副梢，缓和生长，扩大主枝角度。结果桃树的旺枝，主要是树膛内潜伏芽和剪口芽生出的新梢。旺枝的标准：粗度为0.6～0.8厘米，长度35～50厘米，中上部有副梢。新梢所在部位有空间，可留1～2个副梢，将其余的剪去，控制旺长，培养成为结果枝组。潜伏芽萌生的新梢，一般从基部疏除。基部副梢芽萌发的新梢，生长弱，密集，影响通风透光，从基部疏掉。另外，夏季修剪还可控制旺枝生长，通风透光，节省养分，

有利于花芽分化和果实膨大，着重于控制旺枝生长。

冬季修剪时要根据树势强弱、产量高低进行。

①主枝延长头的修剪：盛果期主枝延长枝剪留长度为30厘米左右，主枝延长枝角度小、生长较旺的要控制上部强枝，促下部弱枝，均衡树体上、下的生长势。一种方法是利用副梢开张角度，减缓生长势。另一种为回缩原主枝头，利用主枝延长枝以下合适的发育枝代替原延长枝。

主枝延长枝角度过大、生长势衰弱的处理方法是，在主枝上选一个角度、长势合适的副梢来代替主枝，抬高角度，增强长势。对盛果末期的衰老树，延长枝头已变成结果枝，角度大、生长衰弱，要刺激萌发好枝，并选出背上邻近的枝组作带头枝，将原头回缩修剪，以更新枝头。主枝头衰弱且又无合适的枝代替，可以短截主枝头下部枝，促使萌发强枝，以复壮原枝头。

②侧枝的修剪：外侧枝要与主枝保持一定的主从关系。侧枝与侧枝、侧枝与主枝之间出现重叠、交叉、横生等现象，应由基部去掉或回缩修剪变成大型结果枝组。对一、二级主枝上的外侧枝，结果多年，生长势转弱，无结果能力，由基部去掉。外侧枝长势的强弱，用侧枝与主枝枝头所形成的角度来衡量，以30°～45°为宜，这说明侧枝的角度、长势以及与主枝间的主从关系合适；角度小于30°的，说明侧枝短、小，生长衰弱，可缩剪成为结果枝组；大于45°的，说明侧枝过强、过大，需要控制生长。

正常侧枝头的剪留长度同主枝。

③结果枝组的修剪：盛果期桃树结果枝组的修剪很重要，其发展大小以其所在位置和空间而定。修剪方法以压缩更新修剪为主。修剪时要去强留弱，去直立留平斜，控制前端，促进后部弱枝萌发新枝。结果枝组的修剪采用单枝更新与双枝更新相结合的方法，对强旺的小单位枝则用单枝更新修剪。在枝组上生长势角度合适，采用双枝更新，回缩修剪。带头枝要高于其他果枝，以保持主从关系。

结果枝组随年龄的增长而变大，修剪时可将过密的枝组疏除。生长过长、角度过大、生长势衰弱的枝组，应当更新复壮。用生长势中庸的枝条带头，对原枝头进行回缩修剪，以刺激下部萌发新枝。

④果枝的修剪：桃树进入结果期，短果枝的比例逐年上升。在这种情况下，要疏剪不能结果和发育不良的弱枝，回缩生长弱、长、无结果能力的多年生枝，控制部分旺枝。选一些徒长性果枝或较强旺有空间生长的枝条，进行短截修剪，留作预备枝。不同桃品种，修剪方法也不相同。北方桃品种群果枝节间短，短果枝和花束状枝多，应当适当短剪。为了防止冻花，要多留果枝，疏剪细、弱枝。南方桃品种群长、中果枝多，花芽抗寒力较强，要短截长、中果枝、疏除密生、无叶芽、生长弱的短果枝。对各类果枝的修剪长度，以果枝本身的粗度、生长的位置，以及修剪后的作用而定。果枝剪留数量，以树龄而不同。

果枝的留芽，关系到翌年新梢的角度和方向。留芽方向还能调节枝条的角度，如向下生长的果枝留上芽，向上生长的果枝留下芽，侧生果枝仍留侧芽。留芽方向还能调节枝条的强弱，如强枝留下芽，弱枝留上芽，中庸枝条留侧芽。这样用芽向调节枝条角度和生长势，使翌年新梢生长均衡。

另外，预备枝是用以补充和代替结果枝组或果枝的后备枝。凡是结果不好的强枝和无结果能力的弱枝，以及有空间位置的徒长果枝，都可以作为预备枝。这些枝要剪留2~3个芽，只发枝，不结果，上面的花芽要除去。

（四）葡萄树整形修剪技术

1. 与修剪有关的概念及方法

（1）生长势与负载量：修剪重的葡萄树形成的新梢数目少，但是生长势强。修剪轻葡萄树的负载量则高于修剪重的树体。对于单个枝条，生长势和负载量的变化是一致的，即长势强的枝条负载量大，长势弱的枝条负载量小。

（2）枝量：枝量是指在单位面积、单株果树上或一定粗度的骨干枝上拥有1年生枝的总量。分枝量则是指骨干枝上或单株树体上的分枝数量。冬剪时，植株留芽量与产量、品质及植株的生长密切相关。留芽量过多，植株负载量大，新梢密集，通风透光不良，营养不足会引起落花落果；果穗果粒变小，品质差，成熟期延迟，枝条生长弱，

成熟不良，甚至影响翌年产量。留芽量过少，结果枝不够，架面空虚，新梢徒长，也影响产量。所以，为了提高葡萄的产量和质量，必须每年根据树势和架面综合考虑，确定一个合理的留芽量。

（3）枝条极性：葡萄虽然是藤本植物，但是顶端优势和垂直优势也很明显，表现为直立枝生长旺盛，剪口芽对基部芽有明显的抑制作用。因此，会造成植株上部枝叶生长良好，而基部枝条生长较弱的现象，容易造成结果部位外移。在修剪中要充分利用葡萄枝条的极性，幼树利用直立枝加速成形，成龄树注意平衡树势，防止徒长。

（4）潜伏芽：潜伏芽除冬芽和夏芽外，在葡萄主干和多年生老蔓上，还有一种芽平时隐蔽不萌发，又称隐芽。隐芽多着生于枝蔓基部，潜伏在皮层内，在一般情况下并不萌发，只有受到刺激（如重回缩时）时才有可能萌发。但大多数隐芽只能萌发营养枝蔓，而没有花序。可以利用潜伏芽，对衰老葡萄进行更新。

（5）芽的萌发顺序：葡萄芽的类型不同，萌发的顺序也不一样，在正常情况下，冬芽的中心芽首先萌发。当中心芽遭受损伤或营养充足时，周围的预备芽也可同时萌发。

（6）冬季修剪的时期：冬季修剪是从秋季自然落叶至翌年春季伤流到来之前，具体冬剪时期依据品种特性、气候条件灵活掌握。冬季需要埋土防寒的地区，最好从自然落叶后2～3星期开始，这时叶片制造的养分大部分已回

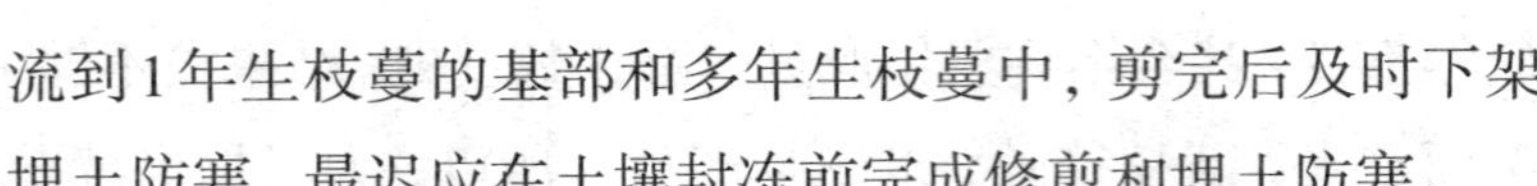

流到1年生枝蔓的基部和多年生枝蔓中，剪完后及时下架埋土防寒，最迟应在土壤封冻前完成修剪和埋土防寒。

在高寒地区，叶片往往等不到自然脱落就被冻坏在枝蔓上；另外，埋土防寒过晚的，枝蔓也可能受冻。因此，这类地区的葡萄冬剪，可以在秋季自然落叶前完成，并及时埋上防寒。

冬季不需要埋土防寒的地区，最好在严寒期过后再冬剪，以免剪留的枝蔓受冻，最迟应在伤流到来前2～3星期剪完。一般葡萄的伤流在早春根系开始活动后（一般根标地温达6～9℃）开始，树液从枝蔓上的新鲜剪口或折伤口、碰伤口大量流出，造成养分流失，影响葡萄的树势。在伤流前2～3个星期完成修剪，可以使伤口干缩封口。

（7）副梢的处理：春季葡萄枝上冬芽萌发抽出的新梢，统称为主梢。夏芽是叶腋中形成的一种裸芽，当年形成、当年萌发，抽生成副梢。由于葡萄芽具有早熟性，一年中随着新梢的延伸，叶腋间的夏芽依次可萌发多次副梢，形成二次梢、三次梢等。副梢处理可把梢尖幼叶减低到最低限度，使养分大量转移到花序（果穗），开花坐果良好，提高产量和浆果品质。如果处理不当，会造成架面郁闭，通风透光不良，严重影响葡萄的质量。

对于幼树和初结果树的副梢管理，应本着整形、结果两不误的原则，在适量结果的同时，科学扩大架面。按树形要求对其延长新梢摘心后，副梢应全部保留，除顶端副

梢延长生长，留4～6片叶摘心外，其余副梢可留1～2片叶反复摘心。再发生的二次副梢，可对顶端一次副梢上留3～5片叶摘心，其他部位的二次副梢可全部疏除。这种方法有利于冬芽的发育，适用于扩大架面的延长枝和生长空间较大的发育枝，以及准备培养为新蔓的萌蘖。当利用副梢快速整形时，可在新梢或强壮的副梢上每隔1～2芽（节）选择一副梢定位培养，将来成为结果母枝，而将其余的副梢抹除。

对于成龄树结果枝及营养枝的副梢，主梢摘心后保留部分副梢或保留花序以上的副梢（留1～2片叶反复摘心），花序以下的副梢全部疏除；或保留花序附近1～2个副梢（留1～2片叶反复摘心），为果穗遮阴，防止日灼。这两种处理方法，有利于改善架面通风透光条件和果实发育。

在结果新梢上仅留顶端两副梢，各留3～4叶反复摘心，一般在3次副梢后就不再保留。其他叶腋发出的副梢一律去除。这种副梢管理方法，适合于架面较低的篱架葡萄。

主梢留9叶摘心后，顶端一个副梢也留9片叶摘心，其余副梢及由顶端副梢发出的2次副梢则一律去除。这种方法较简单易行，每个结果新梢上具有18片叶以上，适于在架面较高的篱架葡萄园应用。

对于一些生长势强、坐果率低的葡萄品种（如巨峰），采取花前一周结果梢强摘心（留2～4叶），有利于提高坐果率。

（8）除卷须与新梢引绑：葡萄的卷须着生在叶片的对

面，是变态茎，在节上呈间歇式排列。葡萄的卷须有简单型和复合型两大类，卷须不分叉的为简单型，卷须分叉的为复合型。卷须的作用是攀缘他物，固定枝蔓，以使植株得到充足的阳光。但是在栽培条件下，葡萄设有架材，各种枝蔓通过人工绑缚引导合理占有空间，不需卷须固定部位，卷须成为无用的器官，不但消耗营养，而且带来许多病害。原则上，在整个生长期所有卷须都应及时剪掉。

当年新梢长到一定长度（40厘米左右）后，将其合理引缚在架面上，称为新梢引缚。这对于控制新梢生长，合理配置架面，均匀受光，改善营养条件，形成合理叶幕形，将起到重要作用。新梢的引缚，可分为垂直引缚、倾斜引缚和水平引缚，效果和作用是有所不同。垂直引缚，树液流动旺盛，生长强、消耗短、积累少，抽发的新梢粗而节间长，甚至徒长；倾斜引缚时，枝条发育中强，节间稍短，对开花结果有利；水平引缚最有利于缓和长势，新梢发育均匀。一般在开花坐果后进行新梢引缚，不能绑的过紧，否则，会造成勒缢现象，甚至使枝蔓折断。

2. 主要树形及修剪技术

(1) 自由扇形：植株无主干，每株葡萄从定植点上培养出多个主蔓（小扇形2～3个，大扇形4～5个），像扇子骨一样立于篱架上，蔓距40～60厘米。每主蔓上着生3～5个结果枝组。冬剪时，结果枝用中梢修剪，预备枝用短

梢修剪。

定植时苗木留3～5个芽短截，萌发后，再选留2～3个健壮新梢培养成主蔓，待新梢长到1.2～1.5米时摘心。副梢长出后，顶端1～2个副梢留作延长梢，其余叶腋副梢，第一道铁丝以下的全部抹除，以上副梢留1片叶反复摘心。延长副梢长至50厘米时，留5～7片叶摘心，二次及其以后副梢处理同主蔓副梢。冬剪时，根据架面空间和枝蔓健壮程度，找一芽体饱满的合适处剪截。一般较粗的枝蔓留50～80厘米短截，较细的枝蔓留2～3芽短截。

第2年利用主蔓上发出的结果枝结果，萌发后，第一道铁丝以下萌发的芽眼全部抹除，以上主蔓每隔15～20厘米左右留1新梢，其余新梢抹除。等新梢长到4～5片叶，能识别花序有无及新梢强弱时，疏除弱枝，需留的弱枝疏去花序，掐去卷须并人工绑缚，以减少养分消耗和促使枝蔓均匀分布。绑缚时要求新梢间距15～20厘米，呈扇形分布。为了保证树势经久不衰，连年丰产优质，应适当留一部分无花序的营养枝。新梢管理同上年。冬剪时，结果枝用中长梢修剪，预备枝用短梢修剪；顶端粗壮的枝条可留8～12芽，用长梢修剪。小扇形达到每株具有2～3个主蔓，大扇形4～5个。平均蔓距50厘米左右，每根主蔓上留3～4个枝组，树形基本完成。

3年生以后冬剪时，主蔓从要求的高度回缩，主蔓上的结果枝和预备枝，按第2年的修剪原则，进行长、中、短梢修剪。

自由扇形整枝比较容易，如枝组在架面上得到合理安排，则能获得较好的产量和质量。但是，扇形架的光能利用效率低，结果部位高低不齐，劳动强度大。修剪不当，容易上强下弱、结果部位上移，使下部衰弱或出现光秃现象，在冬剪时需注意保持主蔓前后均衡。目前在生产中不提倡大量使用该树形。

（2）单干双臂形：每株葡萄只保留1个直立粗壮的主干，高60～80厘米，用以支撑葡萄枝蔓，输导营养。主蔓呈单轴延伸，直接着生结果母技。叶幕可采用V形架或篱架，每株葡萄结果部位距地面基本一致，形成一个集中且又紧凑的果穗区，便于管理和采收，又可保证葡萄质量。

此种树形的篱架，由3层不同高度的铁丝组成。第1道距地面60～80厘米，第2道距地面95～120厘米，第3道距地面135～165厘米。双臂固定在第1道铁丝上，新梢绑缚在第2、3道铁丝上。

在采用副梢整形状况下，管理1年即可完成树形培养。幼苗定植后选留2个新梢，当新梢长达30厘米左右时，选一个强壮新梢，设立支柱进行引缚，使其直立生长。当新梢长达第1道铁丝时，绑缚到第1道铁丝上，同时进行摘心，形成一个直立粗壮的单干。随着新发副梢的伸长，将2个副沿第1道铁丝向两边引缚，形成双臂。对于肥水管理良好或者长势旺的品种，双臂上发生的二次副梢长到5片

叶时进行摘心，二次副梢上长出的三次副梢留4片叶摘心，依此论推，并绑缚到第2道铁丝上。8月底、9月初对双臂进行摘心，促进枝条老熟。对于长势弱的品种，可以将第一次摘心后发出的、培养作双臂的2个新梢，分别呈45°斜向上绑缚。以后每年冬剪时，只需修剪双臂上的结果母枝即可。冬季修剪时，臂枝留8~10个芽剪截，而对臂枝上每个节上抽生的新梢进行短截，作为翌年结果母枝。树体成形后，一般每臂留4~5个结果母枝。以后各年均以水平臂上的母枝为单位，进行修剪或更新修剪。

单干双臂树形结果部位基本一致，叶幕分布均匀，通风透光好，是目前葡萄栽培中主推的架势之一。在冬季需要埋土防寒的地区，可以改良为单干单臂的“厂”字形。

(3)龙干形：该种树形适合于棚架，可以分为独龙干、双龙干、多龙干等，结构基本相同。一般龙干的长度为4~8米或更长，视棚架行距确定。龙干均匀地分布在架面上，其上分布着许多的结果枝，经过多年的短梢修剪，形成龙爪形的结果枝组。龙爪上所有的结果枝在冬季修剪时均短梢修剪，只在龙干的先端留一个6~8芽的延长头。龙干在棚面上要间距合理，间距过大时，单位面积产量低；间距过小，则通风透光不良，也影响产量和品质。在生长势和肥水条件一般的情况下，短梢修剪的龙干间距约50厘米；如肥水条件很好，植株生长势很强，则龙干间距需增加到60~70厘米。

苗木定植后留2个新梢，当新梢长至30厘米时，选留一个作为龙干的主干培养，另外一个抹除。主干上所发的副梢留1~2片叶反复摘心，8月底、9月初对主干顶端进行摘心，促进增粗和成熟。冬季修剪时，将新梢短截至饱满芽处。

第2年，在主干上每隔15~20厘米留一个新梢，作为结果母枝，基部50厘米以下不留新梢。顶端选一个壮梢作延长枝，继续培养主蔓。冬剪时，对结果母枝进行短梢修剪，延长枝根据粗度进行长梢或超长梢修剪。

第3年继续培养主蔓。结果枝通过抹芽、定芽、留低位预备枝和高位结果枝，形成结果枝组。冬剪时，顶端延长枝仍然长留，以使龙干继续在棚面上向前延伸。预备枝留2~3个芽短剪，作为翌年的结果母枝；结果枝从基部剪除。在没有预备枝时，结果枝留2~3个芽短剪作为结果母枝，这些短枝就是龙爪的雏形。

第4年龙干继续延伸，形成枝组；第4年葡萄的产量显著增加，因为除了龙干先端的长结果母枝外，又增加了许多侧生的短枝。冬剪同第3年，龙干先端的1年生枝仍继续长留。这样第4~5年时龙干整形基本完成，并进入盛果期。

在培养龙干时，为了方便埋土、出土，要注意龙干由地面倾斜分出，特别是基部长30厘米这一段，与地面的夹角宜小些（在20°以下），这样可减少龙干基部折断的危

险，龙干基部的倾斜方向与埋土方向一致。

(4) 高宽垂形：是指主干高1.0～1.2米，顺行分出双臂，绑在第一道铁丝上（距地面约1.3米），在每一臂上均匀分布有6～8个结果枝组。在第一道铁丝上方（0.4～0.5米）处再拉第二道铁丝，共两条，相距0.8米。可引缚结果枝组，让大部分新梢随着生长自然下垂。由于葡萄新梢向两臂两侧引缚分开，形成“开心形”，光线能充足照射所有葡萄新梢，照射时间长，葡萄着色好。

定植第1年，留一个健壮新梢引缚，使新梢直立生长。当新梢长到1.0～1.1米时摘心，培养作主干。摘心后留最顶端萌发出的2个副梢生长，引缚于第一道铁丝上，形成双臂。当其长到株距一半的长度时摘心，以免与邻株的双臂相互交叉。在培养双臂过程中，对主干及双臂上叶腋中各副梢可采用留单叶绝后的处理方法，可增加叶片数量而无需反复摘心，并将养分集中到主干和形成的双臂上，使植株更快成形。冬剪时，将此双臂短截至饱满芽处，剪口粗度不低于0.8厘米。

第2年主干上萌出的新梢一律抹除，主蔓（双臂）上萌发出的结果枝引绑在第二道铁丝上，结果枝间距20～30厘米，可用定梢绳或绑丝固定。冬剪时，将双臂上生长的所有的新梢均留2～3芽短截，以后各年短梢修剪照此方法进行。长、短梢结合可形成枝组，双臂还可适当缩短。

(5) T形：主干高度1.8～2.0米，株距2米，行距6～

8米，顶部配置两个对生的、长度3～4米的主蔓。主蔓上直接配置结果母枝，配置密度为每米10个，单株配置60～80个结果母枝。

定植发芽后选留1个新梢，立支架垂直牵引，抹除高度1.8米以下的所有副梢，待新梢高度超过1.8米时摘心。从摘心口下所抽生的副梢中选择2个副梢，相向水平牵引，培育成主蔓。主蔓不摘心持续生长，直至封行后再摘心。

主蔓叶腋长出的二级副梢一律留3～4片叶摘心。此次摘心非常重要，可以促使摘心点后叶腋的芽发育充分，形成花芽，供第2年结果。同时此次摘心还可以避免二级副梢生长造成的养分过度消耗，促进主蔓快速生长，并保证主蔓叶腋间均能发出二级副梢，使主蔓的每一节在定植当年都能培养出结果母枝，为定植第2年丰产奠定基础。二级副梢摘心留下的、3～4个叶片的叶腋间，大体均可萌发出三级副梢。抹除基部2～3个三级副梢，只留第1个芽所发的三级副梢生长，适时牵引其与主蔓垂直生长，形成结果母枝。在结果母枝长度达到1米时，留0.8～1米摘心，摘心后所发的四级副梢一律抹除。只要肥水充足，大体可以保证定植当年每个主蔓形成9～10个结果母枝（三级副梢）。

该树形适合生长旺盛的品种如夏黑等，新梢水平生长有利于缓和树势，促进花芽分化，充分利用阳光。架面以下没有枝条，通风良好，病害较轻。果穗全部在叶幕之下，可以防止日烧现象。该树形在观光果园和南方地区采用较多。

七 套袋果树主要病虫害防治技术

（一）果园综合防治措施

1. 严格执行检疫，加强病虫预测预报

通过检疫，禁止危险性病虫随果树及果品由国外传入或国内病虫传出，对国内局部分布的危险性病虫，限制在一定范围内并积极消灭。当危险性病虫传到一个新的果区后，应采取紧急措施。

病虫害的预测预报：根据病虫发生的规律，首先掌握危害时期，以确定有利的防治时机；其次掌握发生的数量，以决定是否需要进行防治；第三掌握扩散蔓延的动向，以标定预防的区域，最终达到及时控制病虫危害，确保果树优质丰产的目的。病虫害的预测预报可分为发生期、发生量、扩散蔓延三类。

2. 农业防治措施

依靠农业技术措施，有目的地改变部分环境因素，创

造有利于果树及有益生物生长发育，而不利于病虫害发生发展的条件，增强树体抵抗能力，直接或间接消灭或减少病虫源，抑制病虫害的发生。

（1）选抗逆性强的品种和无病毒苗木：生产中在保证优质的基础上，尽量选用抗逆性强的品种和无病毒苗木，植株生长势强、树体健壮、抗病虫能力强，可以减少病虫害防治的用药次数，为无公害果品生产创造条件。

（2）果园种草和营造防护林：果园行间种植绿肥（包括豆类和十字花科植物），既可固氮，提高土壤有机质含量，又可减轻虫害的发生。有条件的果园，可营造防护林，改善果园的生态条件，形成良好的小气候环境。

（3）清理果园：果园一年四季都要清理，发现病虫果、枝叶虫苞要随时清除。冬季清除树下落叶、落果和其他杂草，集中烧毁，消灭越冬害虫和病菌。及时刮除老翘皮，刮皮前在树下铺塑料布，将刮除物质集中烧毁。利用生石灰和石硫合剂混合材料树干涂白，杀死树上的越冬虫卵、病菌，减少日灼和冻害。越冬前深翻树盘可以消灭部分土中越冬病虫，然后浇水保墒。

（4）剪除病虫枝：冬剪时可以剪掉有球坚蚧、桑盾蚧的枝条，蚱蝉产卵的枝条，树上残留的病果、僵果等。桃园最早出现症状的病害是桃缩叶病，防治该病最有效的方法之一就是剪除病枝，集中烧毁或深埋。另外，结合夏季修剪，及时剪掉或拣拾落地的病虫果，如将桃蛀螟危害的

果实，桃炭疽病、桃褐腐病的病果，桃仁蜂危害果等进行销毁，也是减少虫源、菌源的有效方法。

（5）提高采果质量：果实要轻采轻放，避免机械损害，采后必须进行商品化处理，防止有害物质对果实的污染，贮藏保鲜和运输销售过程中保持清洁卫生，减少病虫侵染。

（6）合理的肥水管理：多施有机肥，合理追施化肥，适时灌水，能够促进桃树生长，使树体健壮，病虫危害轻；反之，病虫危害就重。另外，桃树是极不耐涝的果树，在雨季一定要及时排水。

3. 物理防治

（1）糖醋液诱杀成虫：利用害虫的生活习性，用糖醋液装入碗或小罐中作为诱捕器。糖醋液配方：红糖0.5份、醋1份、水10份，再加少量的白酒即成。用铁丝或绳索将诱捕器挂在树上，每天清除掉死虫，并补充糖醋液至原水位线即可。

（2）树干缠草把：利用桃红颈天牛、梨小食心虫、山楂叶螨在树干上产卵或在翘皮下、皮缝内越冬的习性，在树干上缠草把，诱集这些害虫。

（3）黑光灯诱杀成虫：在桃园安装黑光灯，可诱杀大量的桃蛀野螟、卷叶虫、桃叶蝉等。

4. 生物防治

果树属多年生木本植物，生态环境比较稳定，天敌资源极为丰富，这些天敌对控制果树害虫具有重要的作用。

（1）天敌种类：瓢虫捕食蚜虫、叶螨、介壳虫、梨木虱等；草蛉捕食蚜虫、叶螨、叶蝉、介壳虫、卵等；捕食螨以捕食害螨为主；食虫椿象捕食各类软体昆虫及蚜、螨等；食蚜蝇主食蚜虫；螳螂捕食多种害虫。

食虫鸟类：大山雀、大杜鹃、大斑啄木鸟、灰喜鹊、柳莺等。

寄生性昆虫：赤眼蜂、蚜茧蜂、甲茧蜂、跳小蜂、寄生蝇等。

昆虫病原微生物：昆虫细菌病、真菌病、病毒病、病原线虫病等。

（2）保护利用：改善果园生态环境，采取措施保护天敌，使用选择性杀虫剂，人工繁殖和引进害虫天敌。

5. 科学合理用药

农药的使用标准是优先采用低毒农药，有限使用中度农药，严禁使用高毒、高残留农药和“三致”（致癌、致畸、致突变）农药。

（1）禁止使用的农药：有机胂类杀菌剂福美胂（高残留），有机氯类杀虫剂六六六、滴滴涕（高残留）、三氯杀螨醇（含滴滴涕），有机磷类杀虫剂甲拌磷、乙拌磷、久效磷、对硫磷、甲基对硫磷、甲胺磷、甲基异硫磷、氧化乐果（均属高毒），氨基甲酸酯类杀虫剂克百威、涕灭威、灭

多威（均属高毒）。二甲基甲脒类杀虫杀螨剂杀虫脒（慢性中毒、致癌）等。

（2）提倡使用的农药：微生物源杀虫、杀菌剂，如Bt、多氧霉素、农抗120等；植物源杀虫剂，如烟碱、除虫菊等；昆虫生长调节剂，如灭幼脲、除虫脲、扑虱灵等；矿物源杀虫、杀菌剂，如机油乳油、柴油乳油、腐必清，以及由硫酸铜和硫磺分别配制的多种药剂等。

（3）低毒、低残留化学农药：如吡虫啉、马拉硫磷、辛硫磷、敌百虫、双甲脒、尼索朗、克螨特、螨死净、菌毒清、代森锰锌类（喷克、大生 M-45）、新星、甲基托布津、多菌灵、扑海因、粉锈宁、甲霜灵、百菌清等。

（4）限制使用的中等毒性农药：如乐斯本、抗蚜威、杀螟硫磷、灭扫利、功夫、歼灭、杀灭菊酯、氰戊菊酯、高效氯氰菊酯等。

（二）苹果病虫害防治技术

套袋苹果的主要病虫害有日烧病、锈果病和苦痘病、康氏粉蚧、玉米象等。

1. 日烧病

（1）症状：苹果日烧病是由于温度过高而引起的生理病害。当夏季高温干旱时，由于水分供应不足，影响蒸腾作用，使树体温度难以调节，造成果实表面温度局部过高而受到灼伤。干旱失水和高温致局部组织死亡，是造成日烧病发生的重要原因。

日烧主要发生在果实的向阳面，初期果实阳面叶绿素减少，局部变白，接着果面出现水烫状的浅色或黑色斑块，病斑扩大形成黑褐色凹陷，干枯甚至裂果。发病处可受病菌的侵染而引起果实腐烂。

套袋苹果日烧病的发生，与气候、品种、树势、立地条件等有关。

（2）发生规律：春季至套袋前长期无雨，土壤干旱严重，加上持续高温，套袋苹果园会发生不同程度的日烧病。

不同苹果品种日烧病发生程度有差异。据笔者在山东4个园片调查，新红星套袋果实日烧病发生率为11.9%，红富士为10.5%；另据栖霞两园片调查，套袋乔纳金果日烧病发生率达26%，红富士为19.1%；由此可见，中熟品种日烧病发生较为严重。

使用不同纸袋，日烧发病率存在显著差异。据笔者在栖霞果区调查，南韩袋、日本小林袋和泰安袋日烧发病率最低，分别为0～1.0%、0.5%～5.5%和1.7%～5.3%；其次为龙口袋、天津袋、报纸袋，分别为6.1%～17.5%、17.5%和4.1%～13.4%；台湾袋、青田袋及石蜡单层袋日烧发病率最重，分别为3.1%～20%、9.3%～31.1%和21%。

果园管理水平高，套袋前后保持土壤良好墒情的园片，套袋果实日烧病发生率低。据调查，未浇水的套袋红富士日烧病发生率为11.9%，而浇水的为7.0%。旺树套

袋果实日烧病发生率为5.2%，而弱树为18.7%。其原因可能是弱树叶片少而小，果实暴露面大；根系弱，吸水能力差，果实供水不足。另据调查，地势与日烧病发生率也有一定关系，丘陵果园套袋果实发病重，而平地果园发病较轻，原因是丘陵果园树体枝量稀疏，且漏水、漏肥重，土壤墒情难以保持，而平地果园能保持较好的微域环境。

根据对套袋红富士果园调查，树冠上部发病严重，有的达70%以上，内膛较轻，下层最轻；从树体方位来看，日烧病发生最重为树体的西南方向，而树体的北部及下部发病轻；从果实着生位置来看，着生于枝背上的果实发病重，其他部位轻。由此表明，套袋果实日烧病的发生与太阳直射有密切关系。套袋果暴露面越大，阳光照射时间越长，日烧病发生率越高。

（3）防治方法：加强肥水管理，促进树体健壮生长。高温干旱不能及时灌溉时，避免土壤追肥，更不能过量追施氨态氮肥，以防土壤渗透压升高，影响根系吸水。浇水条件差的果园，应覆盖保墒。

叶面喷布磷酸二氢钾或氯化钾及其他光合微肥等，提高叶片光合强度，降低蒸腾作用，促进有机物的合成、运输和转化，均可增加套袋果实抗性，减少日烧病的发生。另外，在干旱年份应适当推迟套袋时间，避开初夏高温；套袋前后浇足水，以降低地温。

干旱年份应采取如下特殊措施：推迟套袋时间，避开

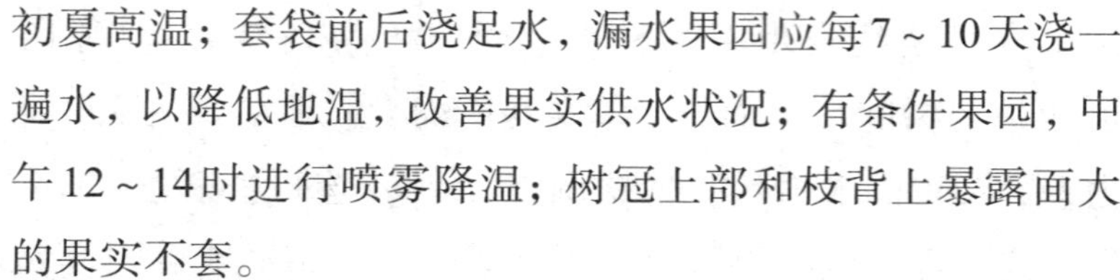

初夏高温；套袋前后浇足水，漏水果园应每7～10天浇一遍水，以降低地温，改善果实供水状况；有条件果园，中午12～14时进行喷雾降温；树冠上部和枝背上暴露面大的果实不套。

2. 锈果病

（1）症状：苹果锈果病又称“花脸”病、裂果病，症状主要表现在果实上，某些品种的幼树及成龄树的枝叶上也表现症状。果实上的症状主要有5种类型，即锈果型、“花脸”型、复合型、环斑型、绿点型。

锈果型是主要的症状类型，常见于富士、国光等品种。在落花后1个月左右，从萼洼处开始出现淡绿色、水泽状病斑，然后向梗洼处扩展，形成放射状的5条木栓化铁锈色病斑。若把病果横切，可见5条斑纹正与心室相对。在果实成长过程中，因果皮细胞木栓化，果皮逐渐龟裂，甚至造成畸形。有时果面锈斑不明显，而产生许多深入果肉的纵横裂纹，裂纹处稍凹陷，病果易萎缩脱落，不能食用。

“花脸”型是果实在着色前无明显变化，着色后果面散生许多近圆形的、黄绿色斑块；果实成熟后，表现为红绿相间的“花脸”状。着色部分突起，不着色部分稍凹陷，果面略显凹凸不平状。

复合型即为锈果和“花脸”的混合型。病果着色前，在萼洼附近出现锈斑；着色后，在未发生锈斑的果面或锈

斑周围产生不着色的斑块，呈“花脸”状。

绿点型是果实着色后，在果面散生一些明显的、稍凹陷的、深绿色小晕点，晕点边缘不整齐，近似“花脸”，也有个别病果顶部呈锈斑。

（2）发病规律：病毒可通过各种嫁接方法传染，也可以通过在病树上用过的刀、剪、锯等工具传染。苹果树一旦染病，病情逐年加重，成为永久性病害。套袋果发生的锈果病主要是“花脸”型，病果着色前无明显变化，着色后果面散生许多近圆形的黄色斑块。红色品种成熟后果面呈红、黄相间的“花脸”症状，黄色品种成熟后果面呈深浅不同的“花脸”症状。

（3）防治方法：

①严格执行检疫制度。封锁在疫区内繁殖苗木或外调繁殖材料。新建果园发现病株要及时挖除。避免与梨树和其他寄生植物混栽。

②严格选用无病毒接穗和砧木，以培育无病毒苗木。种子繁殖可以基本保证砧木无病毒；嫁接时应选择多年生无病树为接穗母树；嫁接后要经常检查，一旦发现病苗及时拔除烧毁。修剪时工具严格消毒等，都可以控制该病的发生。

③药剂防治。于初夏在病树树冠下面东西南北各挖一个坑，各坑寻找0.5～1厘米的根。将根切断后，插在已装好四环素、土霉素、链霉素或灰黄霉素150～200毫克/

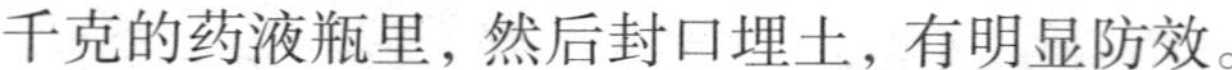

千克的药液瓶里，然后封口埋土，有明显防效。

另外，发现以小国光改接红富士的园片套袋果“花脸”病发生较重，而不套袋果发病很轻，所以，在以小国光改接的园片可以不进行套袋。

3. 苦痘病

（1）症状：苹果苦痘病又称赤龙斑、茶星病。幼叶染病常变畸形，有时叶尖出现斑点或坏死，常造成嫩稍枯死。苦痘病是果实近成熟期和贮藏前期的重要病害，主要表现在果实上，一般靠萼洼部发病重，靠果柄一端发病轻。初期果实表皮下产生褐色病变，颜色较深，红色品种为暗紫红色，绿色或黄色品种为深绿色。青色品种形成灰褐色斑。后期病斑逐渐变圆稍凹陷，斑下果肉坏死干缩呈海绵状，呈许多直径为2～5毫米褐色斑点，半圆或圆锥状深入果肉内部，味苦，有时数个小斑连接成不规则大斑。

（2）发病规律：苦痘病主要是苹果缺钙而引起的生理病害。果实中钙的吸收总量，花后5周不再增加。此后随着果实的生长和膨大，果实中的钙的浓度降低，从而引起苹果苦痘病。

苦痘病的发生与叶片、果实的钙化有关。Ga 叶 /Ga 果比率上升，发病率高。果园土壤有机质含量高，C/N 高，发病轻；沙地、低洼地发病重。前期土壤干旱，后期大量灌水均会降低果内钙含量，加重病情。偏施速效氮肥，特

别是生长后期偏施氮肥，病情加重。幼果期和采收前降雨大或频繁，会导致病情加重。有些地区土壤并不缺钙，但如果土壤内氨态氮积累时，叶中的钙不能顺利转移到果实，易引起苦痘病。

（3）防治方法：

①选用抗病品种和砧木。对发病严重的品种，采用高接抗病品种的方法来减轻危害。

②加强栽培管理。改良土壤，增施有机肥，适时适量施用氮肥，控制后期施氮；保持树势中庸，可提高树体的抗病能力；合理负载，适时采收；合理修剪，早春注意浇水，雨季及时排水。

③叶面、果实喷钙。喷洒氨基酸钙，果树生长期叶片喷施2～4次，在谢花后3～6周内喷2次，果实采收前3～6周内喷施2次。喷施浓度：前期400～500倍液，中后期300倍液。气温较高时易发生药害，喷洒前最好试喷。据潘家茎研究，防治苹果苦痘病使用Wuxal Calcium单剂2 000倍液，在苹果树落花后套袋前、苹果幼果期开始施药，施药3次，间隔10天左右。

④加强贮藏期管理。果实采收后立即用4%氯化钙浸果24小时，或1%～6%硝酸钙等，贮藏期库内温度控制在0～2℃，并保持良好的通透性，可减轻苦痘病的发生。

4. 黑点病

黑点病发病初期，果实萼洼周围出现针尖状小黑点。随着果实的增长，黑点逐渐扩大。病斑仅发生在果实表面，无味，不会引起果肉溃烂，贮藏期间也不扩展、蔓延。据研究，导致黑点病发生的直接原因是病菌侵染，绝大多数病斑为链格属真菌侵染所致，该属真菌是导致多种作物叶斑病的病原。套袋苹果的黑褐色斑点为粉红聚端孢菌侵染所致。粉红聚端孢菌为半知菌亚门的弱寄生菌，一般不侵染果实表面。侵染套袋果的接种体主要来自套袋果上的花器残体，包括干枯的花萼、花丝、花药等。该菌适宜高温，套袋形成的高温、高湿环境为其滋生繁殖提供了条件。

黑点病的发生，与纸袋质量、果园通透性和气候条件等有关。纸袋通风放水孔不规范或果园郁闭，或雨水过多的年份易发生。选择规范果实袋，改良制袋材料和工艺，改善果实袋的透气状况，增加透气性；对通风透光差的果园合理修剪，疏除过密的层间枝、直立枝、重叠枝、徒长枝、交叉枝，过旺过密的梢头竞争枝，彻底改变树冠的通风透光条件，对防治雨季黑点病有效。

5. 康氏粉蚧

(1)危害特点：康氏粉蚧属刺吸式害虫，以成虫和幼虫吸食幼芽、嫩枝、叶片和果实的汁液，前期果实被害后

会表现畸形。套袋果危害，萼洼处较重，梗洼较轻，其次是果面，果实被害后形成大小不等的黑斑，附着白色粉状物。近年来，由于大量应用无防治入袋害虫作用的低劣仿制纸袋，造成康氏粉蚧侵害，在苹果套袋生产中必须引起重视。

（2）形态特征：雌成虫体长3～5毫米，扁平，椭圆形，体粉红色，表面被有白色蜡质物，体缘具17对白色蜡丝；雄成虫，体长约1毫米，呈紫褐色；翅1对，透明，后翅退化成平衡棒；卵呈椭圆形，浅橙色，长约0.3毫米，数十粒集中成块，附着白色蜡粉，形成白絮状卵囊；若虫为淡黄色，形成雌成虫；蛹，雄虫有蛹期，浅紫色。

（3）发生规律：康氏粉蚧以卵，少数以若虫、成虫在树干、剪锯口、枝条粗皮缝隙或土壤缝隙中越冬。春季果树发芽时，越冬卵孵化，第1、2、3代若虫发生盛期分别为5月中旬、7月中下旬和8月下旬，宜采用药剂防治。套袋苹果园康氏粉蚧第1代主要在枝条粗皮缝隙和幼嫩组织处危害，在果实上危害较少；第2、3代以危害果实为主，通过袋口进入，停留在萼洼、梗洼处刺吸果实汁液，受害果实果面形成大小不规则的斑点，刺吸孔清晰可见，孔周围多出现红褐色晕圈。

（4）防治方法：春季果树萌芽前（即3月上旬）刮除粗老树皮，枝上的老翘皮和伤枝上的翘皮，刮除翘皮时不要太重，刮下的翘皮集中烧毁。

结合防治其他潜伏在枝干越冬害虫，在晚秋雌成虫产卵之前（9月中旬），在树干上捆草把诱集越冬害虫。早春树上卵孵化前，取下草把集中烧毁。

在套袋栽培中，最重要的是选用涂有杀虫剂的优质纸袋，一般不需专门喷药防治。若果袋连续使用，应将果袋装入容器内，用硫磺薰杀害虫，也可将果袋在农药稀释液中充分浸泡。害虫通过袋口进入果袋，喷药时虫体不能着药，由此袋口要扎严；当发现袋内有康氏粉蚧危害且较严重时，可以解开纸袋，喷50%辛硫磷1 500倍液防治。

早春树上喷石硫合剂或喷布48%乐斯本乳油1 000～1 500倍液，杀灭树干上的越冬卵，可有效防治康氏粉蚧。在第1～3代若虫发生期，可选用0.9%阿维虫清乳油4 000～5 000倍液，1.0%虱螨净乳油3 000～4 000倍液，3.0%莫比朗乳油1 500倍液，25%蚧死净乳油1 000～1200倍液，40%速扑杀乳油1 000～1 500倍液。

6. 玉米象

玉米象属鞘翅目，象甲科，别名米牛、铁嘴，分布较广。

（1）症状：果实被害后出现伤口，伤口少的仅几个，多的在几十处以上，果面呈“麻子脸”状；伤处面积，大的直径1厘米以上，小的0.1厘米，虫口深2～5毫米，形成凹陷圆斑，果肉变褐、木栓化。早期果实受到玉米象危害后可呈现畸形。

(2)形态特征：成虫体长3.5～5毫米，宽1～1.7毫米，圆筒形，红褐色或黑褐色；头部额区向前延伸形成喙，触角膝状8节，末端节膨大；前胸背板前狭后宽，具圆形刻点，沿中线刻点20多个；鞘翅的基部、端部各具一橙黄或黑褐色椭圆形斑纹，后翅膜质。外生殖器阳具细长略扁，背面中央具1纵脊，两侧有两条纵沟，阳茎基片长三角形。卵呈长椭圆形，乳白色。幼虫体长4.5～6.0毫米，无足，背隆起，腹面较平，乳白色，头黄色，上颚黑褐色；蛹长3.5～4.0毫米，椭圆形。

(3)发生规律：寄主是玉米、豆类、荞麦、干果等。幼虫只蛀食禾谷类种子，玉米、小麦、高粱受害较重。由于玉米象具有趋温、趋湿和畏光喜暗的习性，易入袋危害果实。在套袋苹果园，如果地下覆盖麦草，可能带有玉米象的卵、幼虫或成虫等，造成果实受害较重。

主要以成虫潜伏在松土、树皮、田埂边越冬。卵期3～16天，幼虫期13～28天，蛹期7～10天，雌虫可产卵约500粒，成虫寿命50～310天。一般翌年5月中下旬越冬成虫开始活动，成虫产卵时，用口吻啮食麦粒，形成卵窝，分泌黏液；6月中下旬至7月上中旬幼虫孵化，蛀入粒内，7月中下旬化蛹，随后成虫羽化。一般玉米象一年发生2代，以7月发生的第二代成虫，在7月中旬到8月中旬期间危害套袋苹果。

(4)防治方法：因为玉米象的活动是在一个固定的环

境中，防治上比较容易。首先套袋苹果园尽量不要覆盖麦草，麦垛也尽量远离套袋苹果园。

观察玉米象活动，一旦发现，及时喷布48%乐斯本1 000～1 500倍液或其他杀虫剂，杀灭成虫，否则，入袋危害难以防治。

（三）梨病虫害防治技术

1. 黑点病

（1）危害特点：黑点病主要发生在套袋梨果的萼洼处及果柄附近。黑点呈米粒大小到绿豆粒大小，常常几个连在一起，形成大的黑褐色病斑，中间略凹陷。黑点病仅发生在果皮，不引起果肉溃烂，贮藏期也不扩展和蔓延。该病是由半知菌亚门的弱寄生菌——粉红聚端孢菌和细交链孢菌侵染引起的，这两种病菌喜欢高温高湿的环境。梨果套袋后袋内湿度大，特别是果柄附近、萼洼处容易积水，加上果肉细嫩，容易引起病菌的侵染。据调查，气温在25℃以上，空气湿度达到80%时梨果就出现小黑点。也就说，雨水多的年份黑点病发生严重；通风条件差、土壤湿度大、排水不良、果袋通透性差的果园，黑点病发生较重。

（2）防治技术：选取建园标准高、地势平整、排灌设施完善、土壤肥沃且通透性好、树势强壮、树形合理的稀植大冠形梨园，实施套袋；选择防水、隔热和透气性能好的优质的标准袋，不用通透性差的塑膜袋或单色劣质梨

袋；冬、夏修剪时，疏除交叉重叠枝条，回缩过密冗长枝条，调整树体结构，改善梨园群体和个体光照条件，保证冠内通风透光良好；宜选择树冠外围的梨果套袋，尽量减少内膛梨果的套袋量。操作时，要使梨袋充分膨胀，避免纸袋紧贴果面。卡口时，可用棉球或剥掉外包纸的香烟过滤烟嘴包裹果柄，严密封堵袋口，防止病菌、害虫或雨水侵入；结合秋季深耕，增施有机肥，控制氮肥用量。土壤黏重梨园，可进行掺沙改土。7～8月降雨量大时，注意及时排水和中耕散墒，降低梨园湿度；套袋前喷布杀菌、杀虫剂：选用优质高效的安全农药，如大生M-45、易保、喷克、福星、进口甲基托布津、烯唑醇、多抗霉素、吡虫啉、阿维菌素等，选用雾化程度高的喷药器械，待药液完全干后再套袋。

2. 褐斑病

该病俗称“鸡爪病”或“花斑病”，是套袋梨果面发病率较高的一种缺钙性生理病害。

(1) 症状：病斑部位微呈凹陷，在皮层的木栓形成层外部形成了较致密的一层组织，发病后不腐烂，病斑不扩展。该病围绕果实气孔周围发病，初现褐色斑点，随后形成中心颜色浅淡、四周浓重的不规则褐色斑，多个病斑连成不规则大斑块，颜色由浅变深，病斑轻微凹陷。病斑大小1～2毫米，灰褐色，多呈纵条形或带状排列，少数呈多点聚合片状。梨品种不同发病程度不同，黄冠梨发病重，大果水晶、绿宝石等绿皮梨发病相对较轻，皮糙而厚的褐皮梨不感病；土壤有机质含量低、过量施用氮肥，会加重病害的发生；幼旺树发病重，成龄树、弱树发病轻；果个越大发病越重，套袋果发病重。

（2）防治技术：

①套袋前，幼果喷施硝酸钙、瑞恩钙或氯化钙等外源钙盐，提高果皮钙素含量，可降低褐斑病的发病率，以喷硝酸钙效果最好，连喷2～3次，隔7～10天1次。

②加强肥水管理。增施有机肥并注意平衡施肥，避免过量施氮肥。果实发育后期不要施速效肥，如树势较弱，可于发育前斯追施氮、磷复合肥。

③合理修剪。选择高光效树形，冬剪注意枝组的合理分布，保证树冠通风透光。

④选择优质纸袋，适度灌水，控制产量，适时采收。

3. 顶腐病

顶腐病又称梨蒂腐病或梨“铁头病”，主要危害西洋梨及砂梨系统的黄金梨、水晶梨等，但近年来也有白梨系统的黄冠、鸭梨发病的报道。

（1）症状：梨顶腐病的致病机理目前尚不清楚，但一般认为是生理性病害，套袋是该病的重要诱因，可能与套袋后钙等微量元素的吸收、代谢紊乱有关。砧木因素如砧

穗亲和力不良，树势衰弱，会导致顶腐病的发生；土壤因素如土壤营养元素失衡、酸性土壤等，发病较重；不良环境刺激如果实生长期土壤干燥而突然降雨，造成果皮老化，角质、蜡质及表皮层破裂坏死，或幼果期果实表皮细胞受伤而停止发育，易导致顶腐病的发生。梨果套袋后幼果期就开始发病，发病初期果实萼洼周围出现淡褐色稍湿润晕圈，并且逐渐扩大，颜色加深。发病后期病斑可蔓延至果顶的大半部，病部黑点，质地坚硬，中央灰褐色。此时可受到细交链孢菌和粉红单端孢菌侵染，因此，梨顶腐病到后期，发病症状又与黑点病的发生症状相似。

（2）防治技术：增施硅钙镁肥。成龄巴梨树株施硅钙镁肥（硅35%、钙20%、镁10%）2千克，对顶腐病的防治效果可达80%以上。加强果园肥水管理。合理调控水分，防止旱灾涝害。均衡施肥，多施有机肥，提高树体抗病力。郁闭果园疏间过密枝，改善通风透光条件。合理花果管理。顶腐病重的梨园套袋时间可比正常推迟3～5天，幼果期严禁喷乳油、杀虫剂等，以免形成药害。幼果期喷布一次50毫升／千克的细胞分裂素，可较好预防该病。

4. 日烧病

参见苹果日烧病的症状、发生规律、防治方法等内容。

5. 水锈病

（1）症状：锈斑是由于外部不良环境条件刺激，使梨果表皮细胞老化、坏死；或内部生理原因，引起表皮与果肉增大不一致，而造成表皮破损。表皮下的薄壁细胞经过细胞壁加厚和木栓化后，在角质层、蜡质层及表皮层破裂处露出果面而形成的。锈斑的发生，经过薄壁细胞期、厚壁细胞期、木栓形成期和锈斑形成期4个阶段。水锈病主要在雨水多的年份发生严重。通风条件差、土壤湿度大、果园排水不良以及果袋通透性差时水锈发生严重。套袋梨果易生水锈。

（2）防治技术：选择树冠通风透光良好的部位进行果实套袋，梨园整体通风透光良好，覆盖率严格掌握在75%左右。合理负载，保证树势健壮；在套袋前全面均匀喷布2～3遍杀虫杀菌剂，防止病虫在袋内滋生危害；套袋前疏花疏果，一般每隔20～25厘米留1个果，不留双果，疏除顶果、畸形果和病虫果。

6. 黄粉蚜

（1）危害特点：梨黄粉蚜又称黄粉虫，俗名“膏药顶”“痛药顶”。黄粉蚜喜阴暗，袋口扎得不严或果袋无防虫效果，易从袋口、通气放水口钻入袋内危害。入袋初期，在袋口扎丝及梨肩附近可见大量黄粉状物质（实为各龄蚜虫及卵）；受害初期果皮表面呈黄色稍凹陷的小斑；后期被害处变黑，向四周扩大呈轮纹状，组织坏死，易感染病菌而腐烂，导致落果。果实萼洼、梗洼处受害尤重。

该虫有干母、普通型、性母和有性型4种。干母、普通型、性母均为雌性，行孤雌卵生。梨黄粉蚜一年发生8~10代，以卵在果台残橛、树皮裂缝、剪锯口周围或枝干上的残附物内越冬。梨果套袋后果台残橛处越冬的卵量明显高于不套袋果园。3月中旬卵开始孵化为干母若虫，梨树开花期为卵孵化高峰期，4月中旬羽化的成虫开始产卵，以后卵、虫均有，世代重叠。

据调查发现，5月中旬果台残橛处的成虫陆续出蛰转枝危害，5月下旬树皮缝的成虫出蛰转枝危害。6月上旬陆续入袋危害梨果。发生严重的梨，6月上旬蚜虫入袋率达20%，6月中旬蚜虫入袋率达58.8%，果台残橛有虫的高达82%，6月有一个明显的入袋小高峰，7月下旬至8月中旬又有一个入袋小高峰。入袋后的梨黄粉蚜首先危害梨果柄及果肩，进入7月被害梨果开始脱落，8月中旬落袋果占30%~40%，采收期严重的可占60%~80%，而不套袋梨黄粉蚜主要危害萼洼，危害高峰期在7月下旬至8月中旬，危害率一般在3%以下。即梨果套袋后诱发梨黄粉蚜大发生，且整个生长季节均有梨黄粉蚜入袋危害。危害严重的果实采收后，在运输、贮藏、销售过程中也可发病，造成大量烂果。

(2)防治技术：防治梨黄粉蚜的关键时期在越冬卵孵化后的若虫爬行期，应控制和降低黄粉蚜虫口基数，杜绝黄粉虫进入果袋。

①加强黄粉蚜入袋前的防治，降低虫口密度。梨果采收后，全园细致喷1次50%硫悬浮剂300倍液或0.5~0.8波美度石硫合剂，消灭即将越冬的黄粉蚜。越冬期间，进行“三光”“两剪”“一刷”的人工防治。“三光”，即将落叶及时扫光，树干上的粗皮刮光，贮果场附近的杂草烧光。“两剪”，即剪除秋梢，剪除干枯枝。“一刷”，即秋冬树干刷白。萌芽前的人工防治可大量消灭越冬虫源。3月中旬喷5波美度，花序分离期喷0.5波美度石硫合剂或10%蚜虱净2 000倍液，谢花后和套袋前各喷1次10%吡虫啉2 000倍液。

②套袋后要加强检查，发现袋内有黄粉蚜时，及时喷50%敌敌畏乳油600~800倍液。将果袋喷湿，利用药物的熏蒸作用杀死袋内蚜虫；或喷洒10%增效烟碱1 000倍液。梨黄粉蚜危害率达20%以上的梨园，要解袋喷药。如80%敌敌畏乳油2 000倍液，2.5%敌杀死乳油3 000~4 000倍液，90%敌百虫1 000倍液，20%杀灭菊酯乳油3 000~4 000倍液，10%吡虫啉乳油3 000倍液，15%抗蚜威1 500倍液。

③对上一年黄粉蚜危害较重的梨园，可采用主干或主枝涂药环的方法。在5月底至6月初梨黄粉蚜尚未转果危害前，在梨树主干或主枝上刮一宽为5厘米的环状带，只刮去老皮，以露青不露白为宜(幼树不宜刮)。之后用排笔将40%氧化乐果稀释成5倍液，涂于环状带内。最后内

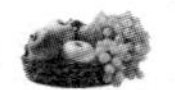

用报纸、外用薄膜或透明胶带包住涂药处，避免雨水冲刷和阳光照射。涂药后15天将包扎物解开，一般药效可持续至采果。

④改进套袋技术。套袋前将袋口浸药，可有效降低前期蚜虫入袋危害率。药剂可选用6%林丹杀虫粉60倍液，浸湿袋口1/3。套袋时选用捆扎带扎袋口，材料为双面塑料膜胶带，胶带长6～7厘米。将袋口扎3圈以上，从袋口扎到袋口以上的梨柄处，扎紧扎严，可有效阻止黄粉蚜入袋。

7. 康氏粉蚧

（1）危害特点：康氏粉蚧又名梨粉蚧、桑粉蚧，属同翅目粉蚧科，是主要入袋的害虫之一。梨树上的康氏粉蚧在山东烟台一年发生3代，以卵及少数若虫、成虫在被害树树干、枝条、粗皮裂缝、剪锯口或土块、石缝中越冬。翌年春季果树发芽时，越冬卵孵化成若虫，食害寄主植物的幼嫩部分。第1代若虫发生盛期在5月中下旬，第2代若虫在7月中下旬，第3代若虫在8月下旬。9月产生越冬卵，早期产的卵也有的孵化成若虫、成虫越冬。成虫雌雄交尾后，雌虫爬到枝干、粗皮裂缝或袋内果实的萼洼、梗洼处产卵。产卵时，雌成虫分泌大量棉絮状蜡质卵囊，卵产于囊内，一雌成虫可产卵200～400粒。

康氏粉蚧以刺吸式口器吸食梨树枝干、嫩梢、叶片、果实的汁液。嫩枝受害后常肿胀，树皮纵裂而枯死；前期果实受害后呈畸形，后期受害，果袋内呈油渍状湿润。萼洼、梗洼处受害最重。虫体呈粉红色，着白色蜡粉，聚成群落，多分布于果实萼洼、梗洼及果面。在降雨多、湿度大、温度高时，分泌物呈灰黑色霉斑，严重影响果实的商品价值。康氏粉蚧主要危害果实，一般套袋果可达3%左右，而在不套袋果上则很少发现。

（2）防治技术：

①人工防治：冬春季结合清园，细致刮皮或用硬毛刷刷除越冬卵，集中烧毁；或在有害虫的树干上，于9月绑缚草把，翌年3月将草把解下烧毁。如果袋需重复使用，一定要用硫磺密闭熏蒸24小时，也可用杀虫剂配成药液，浸泡纸袋，杀死袋内害虫。另外，可在11月上旬用10%吡虫啉1 500倍液在根茎处灌根，杀死下树后在树盘内越冬的若虫、成虫。

②化学防治：要求喷药均匀，连树干、根茎一起喷淋。喷药要抓住3个关键时期：一是在3月上旬，先喷机油乳剂80倍液+35%硫丹600倍液，3月下旬到4月上旬喷3～5波美度的石硫合剂。在梨树上这两遍药最重要，可兼杀多种害虫的越冬虫卵，减少病虫的越冬基数。二是在5月下旬至6月上旬第1代若虫盛发期，7月下旬至8月上旬第2代若虫盛发期，细致均匀地喷布杀虫剂。25%扑虱灵粉剂2 000倍液、50%敌敌畏乳油800～1 000倍液、

20%害扑威乳油300~500倍液、20%氰戊菊酯乳油2 000倍液、25%阿可泰水分散颗粒剂5 000倍液、48%乐斯本乳油1 200倍液、52.25%农地乐乳油1 500倍液、99.1%加德士敌死虫500倍液、2.5%歼灭乳油1 500倍液，效果都很好。三是在果实采收后的10月下旬，在树盘距干50厘米半径内喷52.25%农地乐乳油1 000倍液。

8. 梨木虱

(1)危害特点：梨木虱主要危害叶片，成虫活泼，活动范围广，世代重叠，抗性各异，并分泌黏液保护虫体，较难防治。梨木虱喜阴暗环境，在高温高湿条件下分泌的黏液易被杂菌寄生，产生黑霉。叶片上霉变的分泌液经雨水冲刷流至袋内果实上，则产生黑斑。若分泌液经袋渗入果实上，则产生凹陷黑斑。

该虫一年发生3~6代且世代重叠，成虫在粗老翘皮、杂草、落叶及土缝处越冬。翌年3月天气转暖时梨木虱出蛰活动，日暖时交尾，并在芽腋、小枝鳞痕、鳞片缝隙等处产卵。梨树谢花后卵孵化，4月下旬至5月初为第1代若虫盛发期，小若虫即在未展开的嫩叶上危害。5月中旬若虫羽化为第1代成虫，并在主脉两侧产卵。以后世代重叠发生。9~10月羽化为越冬型成虫。

(2)防治技术：重点加强对越冬成虫出蛰盛期和花后第1代若虫盛发期的防治，同时重视5月下旬至6月上旬第1代成虫的防治。若这段时间梨木虱未被控制住，则以后的世代会产生大量黏液保护虫体，增加防治的难度。采用“紧二遍、紧三遍”，力求全歼，不让其有“喘息”的机会。

①清洁梨园：冬季清除梨园中的落叶、杂草，刮除树干上的老翘皮，集中烧毁，消灭越冬成虫。

②人工捕杀：3月越冬成虫出蛰期，在清晨气温较低时，于树干下铺设床单，振落越冬成虫，收集捕杀。

③药剂防治：越冬代成虫产卵前、谢花后第1代若虫孵化盛期，盛花后30天第1代成虫羽化盛期，喷布2.5%敌杀死乳油3 000～4 000倍液，20%螨克乳油500～1 000倍液，或10%吡虫啉乳油2 000倍液。

对梨木虱若虫的防治，功夫2 000倍液、双甲脒1 500倍液效果也比较好，重点应放在1、2代盛发期，尤其是第1代。5月下旬至6月上旬，6月下旬至7月下旬，梨树枝叶量大，梨木虱分泌的黏液会在叶片上大量存留，对袋内果实危害最重。但此时该虫抗药性强，世代重叠，防治难度较大。采用不易产生抗性且防效高的农药混配，如20%虫螨净乳抽1 500倍液加25%木虱净乳油1 500倍液，并加入0.2%～0.3%洗衣粉或1 500～2 000倍渗透剂，以提高防效。另外，降雨后梨木虱黏液会被雨水冲洗掉，及时用药效果会显著提高。

9. 蝽象

(1)危害特点：主要指茶翅蝽象(俗名臭大姐)和黄斑蝽象两种害虫。它们可从果袋透气孔和未扎严的果袋口进入袋内危害。果实长大、贴紧袋体时，害虫即在袋外直接刺吸果实，造成伤害。被害果受害处停止生长并木栓化，最后形成凹凸不平的“鬼头梨”。该虫一年发生1代，以成虫在空房、草堆、树缝等处越冬。4月上旬蝽象开始活动，4月中旬为出蛰盛期，5月中旬转移到梨树上危害，6月上中旬产卵，6月下旬至7月上旬出现若虫。该虫除危害梨外，还危害李、杏、桃、苹果等。

(2)防治技术：以若虫期喷药效果最好。套袋前期能很好地防止蝽象危害，后期果实长大贴紧纸袋，蝽象可隔袋刺果，因此，要特别重视6月上中旬及采收前后的防治。喷布1 500倍40%快杀得乳油或48%乐斯本乳油1 500倍液均可。若防治不及时将会出现隔袋危害现象，同时还要重视越冬前和越冬期的防治。另外，针对蝽象活动范围广和具有假死性的特点，在越冬场所人工捕杀成虫，或在早晨气温低时利用其假死习性振树捕杀。

10. 梨小食心虫

(1)危害特点：梨小食心虫幼虫常危害新梢，近年来在所套纸袋质量差和套袋技术不规范的梨园常有发生。果实被蛀初期在果面出现一黑点，之后蛀孔四周变黑腐烂，形成黑疤，无虫粪，果内有大量虫粪。华北地区一年发生3～4代，以老熟幼虫在果树枝干和根颈裂缝处及土中结灰白色薄茧越冬。翌年4月上中旬开始化蛹，蛹期15～20天，4月中旬至6月中旬成虫发生，发生期不整齐，世代重叠。卵期5～6天，非越冬幼虫期25～30天，蛹期7～10天，成虫寿命4～15天。除最后一代幼虫越冬外，完成一代需40～50天。该害虫有转主危害习性，第1、2代主要危害桃、李、杏的新梢，第3、4代危害梨、桃、苹果的果实。在梨、苹果和桃树混栽或邻栽的果园，梨小食心虫发生严重。

（2）防治技术：

①农业防治：幼虫脱果越冬前树干束草，诱集越冬幼虫，翌年春季出蛰前取下束草烧毁；休眠期刮除翘皮，消灭越冬幼虫；春夏季及时剪除被蛀新梢。

②生物防治：在1～2代卵期释放松毛虫赤眼蜂，每5天放1次，连续释放4次，每亩总蜂量8万～10万头，可有效控制该害虫危害。成虫羽化期，在虫口密度较低的梨园，每隔50米挂一个含梨小食心虫性诱剂200微克的诱芯水碗诱捕器，或利用黑光灯、糖醋液（红糖1份、醋3份、水10份），诱杀成虫。

③药剂防治：当田间卵果率达0.5%～1%时喷药防治，可选用25%灭幼脲3号胶悬剂1 000倍液、20%杀铃脲6 000～8 000倍液、48%毒死蜱乳油1 200倍液、35%

氯虫苯甲酰胺7 000倍液。

(四)桃病虫害防治技术

1. 桃炭疽病

(1)危害特点：以菌丝体在病梢和僵果中越冬，借风雨传播，幼果期发生，受害部变成暗褐色，果肉萎缩并硬化。果实成熟期染病，初期为淡褐色、水渍状斑，逐渐扩大成红褐色圆斑，病斑凹陷，生粉红色小点的分生孢子盘，呈轮状。病斑下果肉变色腐烂，果实脱落或悬挂在树上。新梢受害，初期出现水渍状、长椭圆形病斑，后变褐色，边缘为红褐色，表面生粉红色孢子团，严重时枝条枯死。夏季高温高湿易得此病。全年以幼果阶段受害最重。

(2)防治方法：剪除树上的枯枝、僵果和残橛，或初次发病的病枝，消灭越冬病源，防止再次侵染；加强排水，增施磷、钾肥，增强树势，并避免留枝过密及过长；桃芽萌动前喷洒45%晶体石硫合剂30倍液，杀灭越冬菌源。开花后喷布防治，一般每隔10天1次，连续喷3～5次，常用3%多抗霉素1 000倍液、80%大生M-45 800倍液等。

2. 桃细菌性穿孔病

(1)危害特点：桃细菌性穿孔病的病原细菌在病枝溃疡处越冬，春季借风雨及昆虫传播。叶片病斑初生为水渍状圆斑，扩大后呈多角形，红褐色或褐色，病斑周围有淡黄色晕环。南方春季多雨该病发生严重。果实受害产生暗紫色圆斑，稍凹陷，边缘水渍状晕环，遇水病斑出现黏液，有大量细菌。北方气候干燥，叶片上病斑干裂。枝条上病斑色暗，春季发展成溃疡，枝梢枯死。当年生嫩枝上，形成圆形或椭圆形、水渍状、暗紫色斑点，变褐色和紫褐色，稍凹陷，严重时枝条枯死。桃细菌性穿孔病的病原菌只能在溃疡组织内存活1年，每年5月开始发病，7～8月雨季发病严重。

（2）防治方法：同桃炭疽病。

3. 桃流胶病

（1）危害特点：为桃树生理病变，主要发生在枝干上，新梢、叶片、果实发生流胶，造成发病枝干树皮粗糙、龟裂，不易愈合。流胶严重时树势衰弱，易成为桃红颈天牛的产卵场所，而加速桃树死亡。流胶现象在桃树的整个生长期间都能发生，但以梅雨、台风期等多雨季节发生最多，老树、弱树发生较重。霜害、冻害、病虫害、雹害及机械伤害造成的伤口，引起流胶。栽培管理不当，如施肥不当、修剪过重、结果过多、栽植过深、土壤黏重、土壤酸碱度不当等原因，引起树体生理失调而导致流胶。果实流胶与虫害有关，蝽象危害常引起果实流胶；沙壤土和砾壤土栽培流胶病很少发生，黏壤土和肥沃土栽培流胶病易发生。

（2）防治方法：加强综合管理，增施有机肥，少施或

不施氮肥；促进树体正常生长发育，增强树势。低洼积水地注意排水，酸碱土壤应适当施用石灰或过磷酸钙，盐碱地要注意排盐；合理修剪，修剪在休眠期进行，减少枝干伤口；避免桃园连作。早春发芽前将流胶部位病组织刮除，伤口涂45%晶体石硫合剂30倍液。

预防病虫害，尤其是蟏象、天牛和食心虫。冬春季树干涂白，预防冻害和日灼病。涂白剂配制方法：生石灰12千克，食盐2～2.5千克，大豆汁0.5千克，水36千克。

4. 桑白蚧

(1) 危害特点：又名桑盾介壳虫和桃白介壳虫，是桃树的重要害虫。北方地区一年发生两代，以受精雌成虫在枝干上越冬，成虫体外有一层蜡质。雌成虫在落花后，叶芽展叶生长期产卵，卵产在蜡质盾壳下面，3～5天孵化。孵化后的幼虫离开盾壳，吸桃树枝条汁液，分泌蜡质保护躯体。第二代雌雄成虫交尾后，分泌大量蜡质，将枝条覆盖成白色，使树势严重衰弱，甚至死树。

(2) 防治方法：人工刮治，在介壳虫尚未大量危害之前，在春季芽萌动前人工把蜡壳和虫体刮掉。药剂防治，萌芽前喷洒1次波美5度石硫合剂或100倍机油乳剂，消灭越冬雌成虫。虫体密集成片时，喷药前可用硬毛刷刷除再行喷药，以利药液渗透。幼虫出壳，但尚未分泌蜡粉前一周，喷25%扑虱灵可湿性粉剂1 500～2 000倍液，或

99.1%加德士敌杀死乳油200～300倍液，需连续喷2～3次。或利用天敌小黑瓢虫防治。

5. 蚜虫

危害桃树的蚜虫，有桃蚜、桃赤蚜、桃粉蚜、桃瘤蚜，其中桃蚜最普遍。

（1）危害特点：桃蚜一年发生十余代，以卵在桃树的枝条、腋芽等处越冬。早春桃芽萌动到开花前，越冬卵孵化。若虫危害桃树的嫩芽。落花后开始孤雌生殖；新梢展叶后，群集于叶子背面危害；桃树新梢旺盛生长期，桃蚜繁殖迅速，危害严重并产生有翅蚜，迁往第二寄主如蔬菜上危害。在蔬菜上繁殖几代后，在10月中旬产生有翅性母，迁回桃树，由性母产生有性蚜（无翅雌蚜和有翅雌蚜）；有性蚜交尾后产卵越冬。

（2）防治方法：保护利用瓢虫、草青蛉和食芽蝇等天敌，消灭蚜虫；红蜘蛛和蚜虫一起防治；桃树萌芽期和蚜虫发生期，喷10%吡虫啉可湿性粉剂4 000～5 000倍液，0.3%苦参碱水剂800～1 000倍液，或10%烟碱乳油800～1 000倍液。

6. 红蜘蛛

（1）危害特点：危害桃树的大多是山楂红蜘蛛，以成虫躲在树皮缝里越冬，第2年桃花成形末期出蜇，待桃花凋谢，红蜘蛛已经产卵。山楂红蜘蛛出蜇期整齐，是药剂

防治的关键时期。红蜘蛛发生代数繁多且没有明显的界限，给防治带来很大的困难。

(2)防治方法：早春刮树皮，清除越冬成虫；早春叶芽萌动时喷1～3波美度石灰硫磺合剂；红蜘蛛危害时，喷1%阿维菌素乳油500倍液，或0.3%苦参碱水剂800～1 000倍液，或10%浏阳霉素乳油1 000倍液。防治红蜘蛛，关键在于喷药细致周到，否则，树体局部发生红蜘蛛就能蔓延全株。

7. 桃红颈天牛

桃红颈天牛俗称锯树郎，为桃树重要害虫。

(1)危害特点：北方2～3年完成一代，以幼虫在蛀食的虫道内越冬。成虫在6～7月出现，尤以雨后出现最多，往往在晴天中午成虫多停息在树枝上。成虫寿命为10天，产卵在桃树的主干和主枝的枝杈处，卵期约10天。初孵化的幼虫在树皮下蛀食危害，幼虫长到30毫米左右以蛀食树干木质部为主，由上向下蛀食成弯曲的虫道，同时向外咬一个排粪孔，排粪孔流胶，导出木屑、虫粪。幼虫老熟后，用分泌物黏结木屑在蛀道中做茧，并在茧中化蛹。成虫羽化后，在树干中停留一段时间，再外出交尾产卵。幼虫蛀食桃树枝干皮层和木质部，使树势衰弱，寿命缩短。严重时桃树成片死亡。

(2)防治方法：产卵盛期至幼虫孵化期，在主干上喷施2.5%功夫菊酯乳油3 000倍液。4～9月根据枝上及地面蛀屑和虫粪找出被害部位后，用铁丝将幼虫刺杀。成虫出现期组织人力，在雨后晴天的中午，捕捉成虫或用糖醋液（糖：醋：酒：水＝1：1.5：0.5：16）诱杀；向蛀虫孔注射敌敌畏100～200倍液，同时用棉花或泥块堵死。在成虫产卵期在树干上涂刷石灰硫磺混合涂白剂(生石灰10份：硫磺1份：水40份），以阻止成虫产卵。

8. 桃蛀螟

桃蛀螟又称桃斑螟，以幼虫蛀食桃果，由蛀孔分泌黄褐色透明胶液，果实变色脱落，果内有大量红褐色虫粪。

（1）危害特点：北方果区一年发生2～3代，以老熟幼虫于玉米、向日葵、蓖麻等残株内结茧越冬。4月下旬至5月化蛹，各代成虫发生期：越冬代在5月下旬至6月下旬，第1代在7月中旬至8月下旬，第2代在8月下旬至9月下旬。成虫寿命10天左右，喜在树叶茂盛的桃果上或两果相接处产卵，每雌产卵数十粒。初孵幼虫先吐丝蛀食，老熟后结茧化蛹。第1代卵主要产在桃、杏等核果类果树上，第2～3代卵多产于玉米、向日葵等农作物上，幼虫危害至9月下旬，老熟后寻找适当场所结茧越冬，发生迟者以第2代幼虫越冬。

（2）防治方法；越冬幼虫化蛹前处理越冬寄主玉米、向日葵等的残株，消灭其中幼虫。冬季刮除老翘皮，消灭

其中的越冬幼虫。及时摘除病虫果，集中处理。在成虫盛发期，利用黑光灯、糖醋液、桃蛀螟性诱剂诱杀成虫。在卵盛期至孵化初期喷药防治，如25% 苏脲一号1 000倍液，20% 杀铃脲6 000～8 000倍液等。

9. 桃潜叶蛾

幼虫把叶肉蛀食成弯曲隧道，致叶片破碎脱落，寄主为桃、梨、杏、李等。

（1）危害特点：北方果区一年发生5～7代，成虫在落叶和杂草中越冬，翌年4月桃展叶后，成虫开始在叶背产卵。幼虫孵化后，潜入叶内危害。幼虫老熟后，多由隧道端部叶片背面咬一小孔爬出，吐丝下垂，在下边叶片背面吐丝作茧。第1代成虫于5月中旬发生，以后每个月发生一代。11月后，开始越冬。

（2）防治方法：一是清洁果园，减少虫源。秋季彻底清扫桃园落叶、杂草，集中烧毁，以消灭越冬蛹或成虫。二是诱杀成虫。在桃潜蛾成虫发生期，用桃潜蛾性诱剂诱杀成虫。三是药剂防治。当每代虫卵叶率超过5% 时，喷20% 杀铃脲6 000～8 000倍液，25% 灭幼脲3号悬浮剂1 500倍液，10% 高渗烟碱水剂1 000倍液，2% 甲氨基阿维菌素乳油5 000倍液等。

（五）葡萄病虫害防治技术

1. 炭疽病

（1）发病症状：主要危害葡萄果粒，果粒一般于着色后发病，先在穗粒表面形成褐色圆形小斑点，或在果面上出现黑褐色菌索，呈放射状，形成黑褐色圆形凹陷病斑，表面有轮纹状排列的小黑点，即分生孢子盘。天气潮湿时，孢子盘上生出粉红色黏稠状物，即为病原菌的分生孢子团。严重发病时，病斑可扩展到半个果面，或数个小斑融合一起布满果面，致整个果粒萎缩干枯。果柄或穗轴染病，产生暗褐色、长圆形的凹陷病斑。危害其他绿色幼嫩组织，如侵染新梢、叶片时，一般不表现症状。

（2）发病规律：炭疽病为真菌病害，有潜伏侵染的特性。病原菌主要以菌丝体在1年生枝蔓上越冬，也可在架上残留的带菌死蔓、病果和枯卷须或结果母枝上越冬。翌年5～6月条件适宜时产生分生孢子，经风雨传播，从皮孔、伤口侵染果穗，潜伏侵染。7～8月高温多雨，在果实近成熟时，进入发病盛期。株行距过密，通风透光不良、黏重的土壤葡萄园发病较重。地势低洼、雨后积水的葡萄园，发病严重。

（3）防治方法：清理果园，减少越冬菌源。结合冬季修剪，清除留在植株上的已染病副梢、穗梗、僵果、卷须等，并把落于地面的果穗、僵果、残蔓、枯叶等彻底清除，

集中烧毁。

①加强栽培管理：葡萄园要通风透光良好，在生长季节及时摘心、绑蔓、处理副梢，以便降低园内湿度，控制病菌侵染。合理施肥，增施有机肥，氮、磷、钾适当配比，增施钾肥。低洼果园雨后及时排水，避免积水。

②药剂防治：在芽萌动前，全园喷一次3波美度石硫合剂。从6月中下旬开始，每10～15天喷药一次，连喷4～6次，喷药的重点是保护果穗，杀菌力强的药剂与保护性药品交替使用。常用等量式或半量式波尔多液，14%络氨铜水剂600倍液，80%代森锰锌可湿性粉剂600～800倍液，70%甲基托布津可湿性粉剂粉剂800倍液，25%戊唑醇2 000倍液。

2. 白腐病

(1) 发病症状：主要危害葡萄果粒、穗轴，也能危害枝蔓和叶片。穗轴和果粒发病，首先在近地面的果穗尖端发病，在果梗和穗轴上产生淡褐色、水渍状、边缘不明显的病斑，逐渐扩展到果粒。发病果粒呈水渍状、浅褐色，病斑边缘不明显，最后整个果粒呈褐色软腐。严重时，全穗腐烂，果梗、穗轴干枯缢缩，病粒易脱落，不脱落的果粒干缩后呈僵果，挂在枝蔓上。病穗轴及病果表面密生灰白色小粒点，潮湿时溢出灰白色黏液，常使整个果粒呈灰白色腐烂。发病的枝蔓，多在伤口或接近地面部位发病。

病斑初呈淡红褐色、水渍状，边缘深褐色，向上下两端发展扩大成长条形，中部褐色凹陷，边缘为暗褐色。后期病部表皮纵裂，呈披麻状，病部下端常隆起成肿瘤状。叶片受害，多在叶缘或破伤的部位发生，初呈浅褐色、水渍状的近圆形或不规则形病斑，稍具同心轮纹状，散生灰白色小点粒，病组织枯死后易破裂。

（2）发病规律：真菌病害。病原菌以分生孢子器、菌丝体或分生孢子随病残体在土壤表层越冬。翌年春天产生分生孢子，主要靠雨水反溅传播，由伤口侵入，引起初次侵染。病斑上的病菌再产生分生孢子，借风雨传播多次再侵染。该病只危害葡萄的老熟组织，果穗受害多从着色后开始，且越接近成熟受害越重。高温高湿是影响病害流行的最主要因素，葡萄生长中后期，每次雨后都会出现一个发病高峰。土壤黏重、地势低洼、通风不良的葡萄园发病严重。枝蔓过密，负载量过大，病害发生也重。靠近地面的果穗发病重。

（3）防治方法：加强果园管理，增施有机肥与磷、钾肥，培肥地力，养根壮树，提高树体抗病能力。通过修剪和绑蔓，抬高结果部位。及时摘心、剪副梢，使枝叶间和果园通风透光良好。及时排水，降低湿度，抑制病害。发病前用地膜覆盖，可以防止地面病菌侵染果穗；或通过套袋减轻侵染。

①彻底清除病原：秋季落叶至埋土前，结合冬季修剪，

彻底剪除病穗病蔓，扫除病果、病叶，带出园外集中烧毁；生长季节及时摘除病果、病叶，剪除病蔓，拣除落地病果。

②药剂防护：待春季葡萄上架后，芽萌动前，及时喷洒一次3～5波美度石硫合剂，铲除枝蔓越冬病菌。病害始发期前1周开始喷第一次药，每隔10～15天喷1次，常用70%甲基托布津800倍液，80%代森锰锌可湿性粉剂800倍液，70%福美双600倍液，77%可杀得600～800倍液等，均有良好效果。

3. 霜霉病

（1）发病症状：该病主要危害葡萄叶片，有时也危害嫩梢、花蕾、幼果。叶片起初发病时期，在叶片背面产生白色霜霉状物，正面无异常，逐渐变成半透明、边缘不清的淡黄色油浸状斑点。随后扩展成黄色至褐色多角形斑，最后变褐，叶片干枯。新梢、卷须染病，初呈淡黄色水渍状病斑，渐变为黄褐色或黑褐色。病部稍呈凹陷状，潮湿时表面产生稀疏的白色霉层。花蕾受害，表面产生白色霜霉状物，后萎蔫。幼果感病，最初果面变成灰绿色，布满白色霜霉层，后期呈褐色软腐并干缩脱落。

（2）发病规律：真菌病害。病原菌主要以卵孢子的形式在病组织中或随病残体在土壤中越冬，也可以菌丝在芽中越冬。翌年春季卵孢子萌发，产生芽孢囊。芽孢囊产生游动孢子，借风雨传播到寄主叶片上，通过气孔、水孔侵入。之后产生孢子囊，借风雨进行再侵染。该病发生的最适温度为18～24℃，空气相对湿度70%～75%时幼叶可以受到侵染，当空气相对湿度达到80%以上时便可危害老叶。因此，霜霉病是一种多雨潮湿型病害，昼暖夜凉、多雨潮湿、露大雾重则严重流行。果园种植过密，修剪不当，通风透光较差，小气候潮湿，氮肥施用量过大，地势低洼等，均有利于发病。山东地区一般在7～8月开始发病，8月下旬至9月为发病盛期。

（3）防治方法：加强果园管理，清除果园越冬菌源。加强土肥水管理，适当增施磷肥、钙肥，控制氮肥，提高葡萄抗病力。生长季节及时打杈、摘心、剪除副梢，清除近地面的枝蔓、叶片，使果园通风透光良好，降低小气候湿度，低洼果园注意及时排水。秋冬季彻底清除落叶，集中烧毁，避免带病落叶入土越冬。

一般从麦收前后开始喷药，每隔10～15天喷一次，一直到果实采收期；若果实采收后雨水较多，还应喷药1～2次。铜制剂是防治霜霉病的良好药剂，在发病前结合防治其他病害，喷布1∶（0.5～0.7）∶（160～240）倍波尔多液；发现病叶后，可喷14%络氨铜水剂400～600倍液，80%代森锰锌可湿性粉剂600～800倍液，50%克菌丹可湿性粉剂400～500倍液，25%瑞毒霉和70%代森锰锌混合液400倍液。

4. 黑痘病

（1）发病症状：葡萄黑痘病主要侵染葡萄的幼嫩绿色组织，如幼果、幼叶、新梢、卷须等。幼果感病，起初是褐色圆斑，后中部灰白色，稍凹陷，边缘褐色或深褐色；后期病斑硬化或龟裂，果粒变小，味酸，难以食用；成熟果粒染病，果皮产生木栓化病斑，潮湿时病斑表面可产生乳白色黏液。

幼叶发病时，初为多角形、红褐色小斑点，后期病斑干枯，形成星芒状穿孔。成叶染病，沿叶脉产生淡黄色、圆形斑，中央灰白色，稍凹陷，边缘深褐色或黑色，后期病斑亦干枯并形成穿孔。严重时，病叶干枯扭曲，甚至早落。新梢、叶柄、卷须、穗轴发病，病斑初为圆形或近圆形、褐色、凹陷，扩展后呈长圆形的病斑，边缘色深，褐色或深褐色，中央灰褐色。后期病斑中部开裂，维管束外露，严重时病斑连片，致新梢等枯死。

（2）发病规律：真菌病害。病原菌以菌丝体在病果、病叶及病叶柄痕等部位越冬，翌年葡萄开始生长时形成分生孢子，进行初侵染。分生孢子借风雨传播，直接侵入。初侵染发病的新梢和嫩叶产生分生孢子，陆续侵染新生的绿色部分，不断进行再侵染。降雨和潮湿病害发生严重。一般开花前后及幼果期多雨，则发病较重。地下水位高、排水不畅，管理粗放、通风透光不良及偏施氮肥、枝叶徒长时，病害发生严重。

（3）防治方法：搞好苗木检验与消毒工作。建园时，对苗木及插条要用3%～5%硫酸铜液或3～5波美度石硫合剂液等药剂浸泡3～5分钟，以便杀菌和消毒。

①加强栽培管理：合理施肥，增施有机肥及磷、钾肥，避免偏施氮肥，增强树势；及时整蔓打杈，保持葡萄园通风透光。

②清理越冬菌源：秋末葡萄落叶后彻底清扫果园，把落叶、病果、病梢扫净烧毁。修剪时尽可能剪除病梢，清理附着于枝蔓上的病穗、卷须等。

③药剂防治：在葡萄发芽前，喷一次3波美度石硫合剂。在葡萄发芽后至果实着色前，每10～15天喷药1次，常用1：（0.5～0.7）：（160～240）波尔多液，或80%代森锰锌可湿性粉剂800倍液，或70%甲基托布津可湿性粉剂800倍液，或65%代森锌可湿性粉剂500～600倍液等。

5. 房枯病

（1）发病症状：葡萄房枯病又名穗枯病、粒枯病。靠近果粒的部位出现圆形、椭圆形或不正圆形病斑，呈暗褐色至灰黑色，稍凹陷。部分穗轴干枯，果粒生长不良，果面发生皱纹。病原菌从穗轴侵入附近果粒，发生病斑。果面也感染发病。果粒病斑暗褐色至紫褐色。穗轴和果粒病斑表面形成稀疏的小黑点。病果后期变成僵果，长期残存于植株上。发病时果粒出现灰白色、圆形病斑，不脱落。

（2）发病条件：7～9月气温在15～35℃均能发病，24～28℃利于发病。一般欧亚葡萄品种较易感病，如龙眼等；美洲葡萄品种发病较轻，如黑虎香等。潮湿、管理不善、树势衰弱的果园发病较重。

（3）防治方法：秋季要彻底清除病枝、叶、果等，并集中烧毁或深埋。加强果园管理，注意排水，及时剪副梢，改善通风透光条件，增施肥料，增强植株抵抗力。

葡萄上架前喷洒3～5波美度石硫合剂。幼果期和果实膨大期结合叶面追肥，每隔7天全株喷施两次75%百菌清可湿性粉剂1 000倍液，或50%多乙可可湿性粉剂500倍液，或77%可杀得可湿性粉剂800倍液，轮换施用。发病中期结合叶面追肥，喷施25%瑞毒霉和70%代森锰锌混合（又称58%瑞毒锰锌）400倍液，每隔5天喷1次，连续2次。发病严重区2次喷药间隔15～20天，发病轻的地区可适当延长。注意幼果期不宜使用波尔多液，以免果实出现果锈。

6. 灰霉病

（1）发病症状：俗称“烂花穗”，又叫葡萄灰腐病，病原菌为灰葡萄孢子。主要危害花序、幼果和已成熟的果实，有时亦危害新梢、叶片和果梗。花序受害，似热水烫状，后变为暗褐色，病部组织软腐，表面密生灰霉，被害花序萎蔫，幼果易脱落。新梢及叶片上产生淡褐色、不规则形的病斑，长出鼠灰色霉层。花穗和刚落花后的小果穗易受侵染，发病初期被害部呈淡褐色、水渍状，很快变暗褐色。整个果穗软腐，潮湿时病穗上长出鼠灰色的霉层。成熟果实及果梗被害，果面出现褐色凹陷病斑，很快整个果实软腐，长出鼠灰色霉层，果梗变黑色，不久在病部长出黑色块状菌核。

（2）发病规律：该病有两个明显的发病期，第一次发病在5月中旬至6月上旬（开花前及幼果期），主要危害花及幼果，造成大量落花落果。第二次发病期在果实着色至成熟期。多雨潮湿和较凉的天气条件适宜灰霉病的发生。春季葡萄花期，不太高的气温又遇上连阴雨天，空气潮湿，易诱发灰霉病流行，常造成大量花穗腐烂脱落；排水不良、土壤黏重、枝叶过密、通风透光不良等，均能促进发病。管理粗放、施肥不足、机械伤和虫伤多的果园，发病也较重。

（3）防治方法：彻底清园，消灭病残体上越冬的菌核，春季发病后摘除病花穗，减少再侵染菌源。适当增施磷、钾肥，控制施用速效氮肥，防止枝梢徒长。适当修剪，增加通风透光，降低田间湿度等。

①预防用药：奥力克霉止30毫升，兑水15千克，每7～10天1次。

②发病前期：奥力克霉止50毫升＋金贝40毫升，兑水15千克水，5～7天用药1次，连用2～3次。

③发病中后期：丙环唑10毫升或40%腐霉利可湿性

粉剂15～20克或乙霉多菌灵20克，兑水15千克，3～5天用药1次。

7. 蔓割病

（1）发病症状：主要危害葡萄当年生新梢，特别是从基部发出的萌孽枝发病重。主蔓基部近地表处易染病，初期病斑红褐色，略凹陷，后扩大成黑褐色大斑。秋天病蔓表皮纵裂为丝状，易折断，病部表面产生很多黑色小粒点。新梢染病枯萎，叶色变黄，叶缘卷曲，叶脉、叶柄及卷须产生黑色条斑。果粒染病后，病部稍许变黑色，后期密生黑色小粒点，逐渐干缩成僵果；果梗侵染则枯死。

（2）发病规律：真菌病害。病原菌以分生孢子器或菌丝体在病蔓上越冬。翌年5～6月分生孢子吸湿后，借风雨传播。通过水滴或雨露，经伤口或由气孔侵入，引发该病。病菌侵入后在韧皮部和木质部蔓延，1～2年后植株才出现矮化和黄化现象，严重时全蔓枯死。葡萄防寒埋土和出土上架造成的伤口，是病菌的主要侵染部位。管理粗放或肥水使用不当造成树势衰弱，是诱发蔓枯病的主要因素。多雨或湿度大的地区、冻害严重的葡萄园发病重。

（3）防治方法：

①加强葡萄园管理：增施有机肥，增强树势，提高树体抗病力。合理修剪，使葡萄园通风透光，降低小气候湿度。疏松或改良土壤，雨后及时排水，注意埋土防冻。

②刮除病斑：生长季节期及时检查枝蔓，轻者用刀刮除病斑，重者剪掉或锯除，然后在伤口处用5波美度石硫合剂或45%晶体石硫合剂30倍液消毒。

③药剂防治：在发芽前喷一次2～3波美度石硫合剂，加200倍五氯酚钠或150倍五氯酚钠，杀灭在枝蔓上越冬的病菌。5～6月及时喷药保护，常用1∶(0.5～0.7)∶(160～240)波尔多液，或80%代森锰锌可湿性粉剂600～800倍液（生长季节只允许用一次），或14%络氨铜水剂400～500倍液，或50%琥珀肥酸铜可湿性粉剂500～600倍液。

8. 葡萄白粉病

(1)发病症状：葡萄白粉病对果实、叶片和新校蔓等处都会侵染，果实受害最严重。先在果粒表面产生一层灰白色粉状霉，擦去白粉，表皮呈现褐色花纹，最后表皮变为暗褐色。叶片受害，在叶表面产生一层灰白色粉质霉，逐渐蔓延到整个叶片，严重时卷缩枯萎。新枝蔓受害，初呈现灰白色小斑，后扩展蔓延至全蔓发病。病蔓由灰白色变成暗灰色，最后变成黑色。

(2)发病规律：病菌以菌丝体在被害组织上或芽鳞片内越冬，翌年春季产生分生孢子，借风力传播到寄主表面；菌丝直接伸入寄主细胞内吸取营养，果面、枝蔓以及叶面呈暗褐色。一般在7月上中旬至9～10月均可发病。

（3）防治方法：加强栽培管理，增施有机肥料，增强树势，提高抗病力；及时摘心，疏剪过密枝叶和绑蔓，保持通风透光良好，可减轻病害发生。注意果园卫生，清除病残体，集中烧毁或深埋，减少病源。药剂可选用30%醚菌酯。

9. 日烧病

（1）发病症状：葡萄发生日烧病时，果粒呈淡褐色、近圆形斑，边缘不明显，先皱缩后逐渐凹陷，严重的果穗变为干果。卷须、新梢尚未木质化的顶端幼嫩部位发病，萎蔫变褐色。

（2）病因：一般于6月中旬至7月上旬（果穗着色成熟期）发病，阳光下的果穗多发，原因是树体缺水，供应果实水分不足而引起，这与土壤湿度、施肥、光照及品种有关。当根系吸水不足，叶蒸发量大，渗透压升高，致果实水分失衡，则发生日烧病。大粒葡萄品种易发生日烧病。因修剪、打顶、绑蔓，新梢和果实也可发生日烧病。

（3）防治方法：适当深施肥，诱发根群向深层发育，增强树势，提高抗病能力。采用棚架式密植，使果穗处于阴凉处；秋后适度深耕，扩大根群，增强吸水能力；防止水涝或施肥过量烧根现象；在高温发病期适时适量灌水，降低植株温度，避免日烧病。在阴雨过后的高温天气，叶面和果穗喷布0.2%磷酸二氢钾，或5%草木灰浸出液，或

27%高脂膜乳剂80～100倍液2～3次，对日烧病有一定的预防作用。

10. 褐斑病

（1）发病症状：葡萄大褐斑病又称斑点病、褐点病等，症状因品种不同而存在差异。美洲葡萄品种呈圆形或不规则形病斑，边缘红褐色，中部黑色，具黄绿色晕圈，且有不明显同心轮纹。湿度大时，病斑正反面可见灰色至褐色霉状物；叶片上病斑连片时，易发黄，严重时病叶干枯破裂或早期脱落。

葡萄褐斑病多发生在欧亚葡萄品种叶片上，发病初期产生黄绿色小斑点，逐渐扩大，形成近圆形或多角形坏死斑。病斑边缘呈暗褐色，中心部位呈茶褐色。后期病斑背面可产生黑色霉状物。发病严重时，从病斑外围开始发黄，最后致整个叶片变黑，甚至早期脱落。

（2）发病规律：真菌病害。病原菌主要以菌丝体或分生孢子在落叶上越冬，翌年初夏产生分生孢子，通过气流和雨水传播。潮湿条件下孢子萌发，从叶背气孔侵入危害，可多次再侵染。常从下部叶片开始发病，逐渐向上蔓延。北方葡萄产区多从6月开始发病，7～9月为发病盛期。多雨年份及多雨地区，管理粗放、肥水不足、树势衰弱，果园郁闭、通风和透光不良、潮湿时，可加重病害发生。

（3）防治方法：增施有机肥，培育壮树，提高树体的

抗病能力；合理修剪，及时整枝、摘心，使果园通风透光。秋末冬初彻底清扫落叶，集中烧毁，以便减少越冬菌源。早春芽膨大、未萌发前，结合防治其他病虫害喷施3~5波美度石硫合剂，以消灭越冬菌源。发病初期喷药防治，每10~15天一次，连喷施3~5次。常用1∶0.5∶200波尔多液，或80%代森锰锌可湿性粉剂600~800倍液，或70%甲基托布津可湿性粉剂800倍液，或25%戊唑醇2 000倍液。

11. 透翅蛾

（1）危害症状：低龄幼虫蛀食1年生嫩梢髓部，使嫩梢枯萎；大龄幼虫蛀食较粗枝蔓，被害部变粗、肿大、叶片变黄，果实脱落，枝蔓易折断。该虫危害的最大特征是在蛀孔周围有堆积的粪便。

（2）特征：透翅蛾成虫体长18~20毫米，形似黄蜂，体蓝黑色；头部、颈部、后胸两侧以及腹部各环节连接处为橙黄色，前翅红褐色，后翅半透明。幼虫末龄体长约38毫米，头部红褐色，口器黑色，胴部淡黄色，老熟时带有紫红色。

（3）发生规律：该虫一年发生1代，以老熟幼虫在葡萄枝蔓内越冬。翌年4~5月幼虫开始在被害枝蔓内化蛹，5月上旬至6月上中旬成虫羽化，5月中旬为羽化高峰。成虫羽化当天或次日交配、产卵，单雌产卵79~91粒。初孵幼虫先取食嫩叶、嫩茎，然后蛀入嫩茎中，一般多在叶柄基部和叶节处蛀入，蛀入孔处常有虫粪堆积。幼虫蛀入新梢后，一般向端部蛀食。6月中旬至9月中旬进行2～3次转移危害。被害的新梢，有的局部膨大成肿瘤状，表皮变为紫红色。越冬前幼虫蛀入1～3年生粗蔓中取食。秋季幼虫陆续老熟，在被害枝蔓内越冬。

（4）防治方法：

①清除果园，人工捕虫：要经常检查，发现被蛀蔓要及时剪除，特别注意要将肿瘤状藏有幼虫的枝条剪下，集中烧毁。

②6月悬挂透翅蛾性诱杀虫剂，以消灭成虫，降低危害，且可以此作为施药适期预报的依据。

③药剂防治：在成虫羽化的盛末期可喷药防治，常用25%灭幼脲3号悬浮剂2 000倍液，或20%除虫脲悬浮剂3 000倍液，或50%杀螟松乳油1 000倍液等。粗枝受害时，可从蛀孔灌入50%杀螟松乳油800倍液，然后用黏土封严；或用50%杀螟松乳油800倍液浸棉球，堵封蛀孔。